碳纤维复合芯导线

国网河南省电力公司周口供电公司　组编

中国电力出版社
CHINA ELECTRIC POWER PRESS

内 容 提 要

碳纤维复合芯导线具有强度高、载流量大、弧垂小、质量轻等优异性能，将其与光纤集成构成碳纤维光电复合芯导线，可实现对输电线路运行温度、载流量的监测，为安全提升输电线载流量提供指导。

本书共分 5 章，包括概述、碳纤维复合芯导线耐久性评价、碳纤维复合芯导线典型运行特性及工程应用、碳纤维光电复合芯导线与在线监测系统、导线施工安装等，相关成果已在周口市 110kV 川西 I 线增容改造工程中得到实际应用。

本书内容全面、技术先进，具有较高的推广应用价值，适合从事导线及配套金具研制、施工放线的科研技术人员使用。

图书在版编目（CIP）数据

碳纤维复合芯导线 / 国网河南省电力公司周口供电公司组编 . —北京：中国电力出版社，2023.3
ISBN 978-7-5198-6440-8

Ⅰ．①碳…　Ⅱ．①国…　Ⅲ．①碳纤维 - 复合材料 - 输电导线　Ⅳ．① TM24

中国版本图书馆 CIP 数据核字（2022）第 015757 号

出版发行：中国电力出版社
地　　址：北京市东城区北京站西街 19 号（邮政编码 100005）
网　　址：http://www.cepp.sgcc.com.cn
责任编辑：肖　敏
责任校对：黄　蓓　马　宁
装帧设计：王红柳
责任印制：石　雷

印　　刷：北京雁林吉兆印刷有限公司
版　　次：2023 年 3 月第一版
印　　次：2023 年 3 月北京第一次印刷
开　　本：787 毫米 ×1092 毫米　16 开本
印　　张：9.5
字　　数：226 千字
印　　数：0001—1000 册
定　　价：38.00 元

编 委 会

前　言

架空导线作为输送电力的载体，在输电线路中占有极为重要的地位。长期以来，架空导线主要使用钢芯铝绞线。为安全可靠地多输送电力，各国科研人员不断努力寻求理想的架空输电线路用导线，以取代传统的各种导线。

20 世纪 90 年代，人们尝试用有机复合材料代替金属材料来制作导线的芯材，并已开发出几种复合材料合成芯导线。其中，碳纤维复合芯导线具有强度大、载流量大、耐热性好、线膨胀系数小、质量轻、耐腐蚀性能好等优点，是一种全新概念的架空输电线路用导线。而将碳纤维复合芯导线和光纤集成，构成碳纤维光电复合芯导线，可以实现电力输送、信号传输、在线监测等功能，提高线路的安全运行水平。

作者依托国家电网有限公司总部科技项目，对碳纤维复合芯导线应用技术进行研究，探究碳纤维复合芯导线的耐久性评价及典型运行特性，为线路安全运行提供依据。同时，采用碳纤维复合芯导线与光纤集成技术，实现对输电线路运行温度、载流量的监测，充分发挥输电线路的电能输送、信息传输的能力。在施工安装过程中，采用研发配套的悬垂、耐张、接续等金具，为输电线路安全、稳定运行提供技术保障。作者结合研究成果及实践经验，编写本书，共分 5 章，包括概述、碳纤维复合芯导线耐久性评价碳纤维复合芯导线典型运行特性及工程应用、碳纤维光电复合芯导线与在线监测系统、导线施工安装等，相关成果已在周口市 110kV 川西 I 线增容改造工程中得到实际应用。

本书内容全面、技术先进，具有较高的推广应用价值，适合从事导线及配套金具研制、施工放线的科研技术人员使用。

本书的编写工作得到了全球能源互联网研究院有限公司、国网河南省电力公司、国网河南省电力公司电力科学研究院等单位相关专业人员的大力支持和配合，在此表示忠心感谢。

由于作者水平有限，书中难免存有不妥和疏漏之处，敬请读者批评指正。

编者

2022 年 11 月

目 录

第 1 章

概述

碳纤维复合芯导线属型线同心绞线，内部是一根由碳纤维中心层和玻璃纤维包覆制成的复合芯，外层由一系列呈梯形截面的软铝线绞合而成。碳纤维复合芯承担导线总的力学性能，具有强度高、密度小、膨胀系数小、耐腐蚀等特点。外层软铝具有导电率高、电阻小、自阻尼性能强等特点。碳纤维复合芯导线具有质量轻、电阻小、表面光滑、不易舞动、拉力质量比大、弧垂随温度的变化小等优良性能。

1.1　碳纤维复合芯导线发展近况

1.1.1　国外碳纤维复合芯导线的发展近况

为解决现有输电线路导线弧垂过大，对地净距离不足的问题，20 世纪 90 年代，日本采用碳纤维和热固性树脂构成的复合材料芯线代替钢芯，先后开发了碳纤维芯铝绞线（ACFR）和耐热碳纤维芯铝合金绞线（TACFR），其抗拉强度远远超过传统的钢芯铝绞线（ACSR），耐腐蚀性良好，弧垂特性良好。从 2000 年开始，日本在气象条件较为严酷的青森县下北郡横滨町架设了应用 ACFR 和 TACFR 的现场试验线路，对自然环境下的张力变动、覆雪状况及金具的适应性等做了大约 4 年的验证试验。现场试验中，未观察到异常的覆冰、振动和过大的蠕变伸长，试验结束后的特性调查也未发现导线性能的劣化。日本开发的这两种碳纤维复合芯导线在工程中已经应用。

美国 CTC（composite techonology comporation）公司成功开发了新型复合材料合成芯导线。其系列 ACCC（复合芯铝绞线）导线芯是以碳纤维为中心层，由玻璃纤维包覆制成的单根芯棒，将碳纤维与玻璃纤维进行预拉伸后，环氧树脂浸渍，然后在高温模子中固化成型，芯线外层与邻外层为梯形截面铝线股。导线经常规型试验，证明其具有良好的机械特性和电气特性。

2002 年，美国 CTC 公司开发了先期复合芯 T 型绞线并在美国几条线路上试用，2004年开始挂网商业运行。2004 年 8 月，在得克萨斯州 230kV 线路上安装了碳纤维复合芯导线，并进行了各种现场试验。此后在密歇根州霍兰的 12.74kV 配电线路上用复合芯铝绞线替换钢芯铝绞线，在得克萨斯的金曼市建设了一条 34.5kV 碳纤维复合芯导线试验线路。2005 年 11 月，在亚利桑那州凤凰城和太平洋电力公司盐湖城的 230kV 线路等输电线路上安装了碳纤维芯铝导线。2006 年，在美国电力公司西部地区圣安东尼奥和加利福尼亚的 230kV 线路等输电线路上安装了碳纤维芯铝导线。

由于日本和美国对碳纤维复合芯导线的研究起步早，技术比较成熟，越来越多的新建或改建线路采用复合芯铝绞线。此外，英国、法国、印尼、智利、墨西哥、中东等国家在输配电线路的改造中也部分使用了碳纤维复合芯导线。

1.1.2 国内碳纤维复合芯导线的发展近况

随着国民经济的持续高速发展，我国对用电量的需求急剧增加，原有输电线路面临着成倍扩容的需求。同时西电东送、南北互供，以及各类特高压联网等工程也需要建设大容量的新电网。如果采用多分裂、大截面的普通钢芯铝绞线增加输电容量，会因导线载荷加重，大大增加铁塔占地、塔材和基础投资。另外，在杆塔载荷大的重覆冰地区、沿海高风速地区和容量不稳定的风电输送等工程中，普通导线的经济性较差。

为节约材料和土地资源，减少输送电能损耗，从 2005 年开始，中国电力科学研究院、上海电缆研究所、远东复合技术有限公司、中复碳芯电缆科技有限公司等多家单位开展了碳纤维复合芯导线的产品研究、制造和工程应用研究，并成功研发出碳纤维复合芯导线。其中，自主研发的产品已达到国外同类型产品的技术性能水平，玻璃化转变温度、拉伸强度等超过国外同类型产品。

2006 年 7 月，我国首条 220kV 复合芯铝绞线在福建省龙岩电业局园田塘—曹溪 220kV 线路挂网运行：导线全长 5.2km，利用原线路铁塔及大部分金具、绝缘子等原设备，改造后使该线路输送容量提高了一倍，满足了增容要求；工程施工与常规导线工程改造相比至少缩短了 3 个月的工期，大大缩短了旧线路改造的停电时间。2006 年 9 月，辽宁省电力公司在辽阳 220kV 前草线上采用了 13.1km 的复合芯铝绞线。2006 年 10 月，江苏无锡 110kV 孟村—陆区 4.1km 长的碳纤维复合芯导线建成竣工投运。

2007 年 2 月，由福建省南平市电业局投资引进的复合芯铝绞线，在南平市区 220kV 古杨 II 线较密集地段挂网并正式投入运行，导线全长 3.9km；5 月，浙江宁波送变电建设公司对 220kV 河慈、河溪线两回总长 35km 的线路采用复合芯铝绞线实施增容改造，改造后两条线路增容 30 万 kVA,对慈溪地区迎峰度夏期间减少拉限电起到了重要作用。

2008 年,国网天津市电力公司在景卫 220kV、总长度 11.26km 线路使用碳纤维复合芯导线,总投资低于新建同容量常规线路投资约 30%,减少新建线路一半占地面积,节约了可观的土地资源。该线路试运行以来,安全稳定,效益明显。

2008 年 6 月,复合芯铝绞线在嘉兴 220kV 汾湖—嘉善同塔双回路增容技改工程中成功应用,线路总长度 11.5km,是原 500kV 汾湖变电站至 220kV 嘉善变电站的两条 220kV 线路扩容改造项目,采用 ACCC/TW-413 导线替换 LGJ-400/35 导线,改造后输送容量比原来扩大了一倍,其质量却减轻近 20%。几乎同时,安徽电网 220kV 洛燕线改造工程顺利竣工投入运行;11 月,山东首条 JRLX/T 碳纤维导线在泰安天园线、园汶线改造工程挂网运行。

2009 年 1 月,华北电网有限公司自主研发的复合芯铝绞线在 500kV 万顺Ⅲ线 470～473 号段挂网试运行,线路总长 1.2km,导线规格为 ACCC/TW-300/50,是复合芯铝绞线在我国 500kV 电压等级线路中的首次挂网试运行,标志着国产 T700 碳纤维研发取得突破后,华北电网率先成功实施了第一个具有完全国内自主知识产权的碳纤维复合芯导线的研发与应用。2009 年 3 月,由宁夏银川 220kV 武银乙线、220kV 银花线双回路银川变电站出线段约 6km 导线增容改造工作顺利完成并通过验收,改造后的导线输电能力比原先提高近 2 倍,此次改造也是碳纤维复合芯导线在西北地区的首次应用。2009 年 8 月,河南谢安 110kV 泰康高朗输变电工程改造顺利通过验收;同年 11 月,国网新疆电力有限公司完成了对 110kV 玛南Ⅰ、Ⅱ线更换碳纤维导线工程。

2014 年 9 月,呼和浩特市抽水蓄能电站接入武川县 500kV 单回路输电工程全线贯通;该输电线路全长 21.72km,是我国首条 500kV 碳纤维输电线路。

2018 年,由国网内蒙古有限电力有限公司负责建设的 1000kV 碳纤维导线特高压输电线路全线贯通,这是世界首条应用碳纤维复合芯导线的特高压试点示范工程。

目前,我国碳纤维复合芯导线单线总长度超过 2 万 km,其主要应用于线路的扩建或者增容改造工程中,电压等级为 35～1000kV。目前,其主要应用于 220kV 以下电压等级的电网改造与新建线路中,在 500kV 以及 1000kV 电压等级和长距离输电项目中的经验尚且不足,其主要问题在于合成材料的加速老化试验、高温下强度变化以及导线压接的方法等问题。

1.2 碳纤维复合芯导线的优势

碳纤维复合芯导线的研制成功可以看作架空输电导线的一场革命，其与常规钢芯铝绞线相比，具有以下优势：

（1）在相同的外径下，碳纤维复合芯导线的铝材截面积比常规钢芯铝绞线截面积大29%，在相同运行条件下，其载流量是常规钢芯铝绞线的2倍。

（2）普通钢丝的抗拉强度为1240～1410MPa，而碳纤维复合芯导线的碳纤维混合固化芯棒的强度是前者的2倍。当输电线上覆冰后，能承受普通导线2倍的重量，大大增加了导线的载重量。

（3）碳纤维复合芯导线不存在钢芯材料引起的磁损和热效应，在输送相同负荷的条件下，具有更低的运行温度，可以减少输电损失约6%。

（4）碳纤维复合芯导线具有显著的低弧垂特性，在高温条件下弧垂不到钢芯铝绞线的1/2，能有效减少架空线的绝缘空间走廊，提高导线运行的安全性和可靠性。

（5）碳纤维复合芯导线的密度约为钢的1/4，在相同的外径下，碳纤维复合芯导线的铝截面积为常规钢芯铝绞线的1.29倍。碳纤维复合芯导线单位长度重量比常规钢芯铝绞线轻10%～20%，显示了碳纤维复合芯导线重量轻的优点。

（6）碳纤维复合材料与环境亲和，同时避免了导体在通电时铝线与镀锌钢线之间的电化腐蚀问题，有效地延缓导线的老化，使用寿命高于普通导线的2倍。

（7）由于碳纤维复合芯导线可双倍载流量运行，而且具有强度高、弧垂小、重量轻等特点，可使杆塔跨距增大、高度降低、节省用地，同容量线路成本比普通导线低。

从节能、节地、节材、环保和提高输电能力等方面综合考虑，碳纤维复合导线具有重大的经济效益和社会效益。在面对能源紧张和生态环境保护等多重挑战的背景下，该技术的应用也满足国内建设资源节约型、环境友好型电网的要求。随着技术上的不断进步和完善，可以预见碳纤维复合芯导线技术在我国输电线路中具有良好的应用前景。

第 2 章

碳纤维复合芯导线耐久性评价

碳纤维复合芯导线具备强度高、导电率高、载流量大、线膨胀系数小、弧垂小、质量轻等优异性能，将其应用于新建输配电线路可以减少杆塔的数量和高度，能够最大限度地节约线路走廊用地，从而减少输配电线路的综合造价成本，节约土地资源，保护生态环境。碳纤维复合芯由玻纤/碳纤增强的环氧树脂复合材料构成，虽然具有比强度和比模量高、抗疲劳性好、减震能力强、高温性能优良、破损安全性高和可设计性佳等优点，但在实际使用环境下，其性能会由于老化而逐渐发生恶化。

对于一个给定的性能参量，如材料强度，若在使用寿命内下降得很慢，就不是决定产品使用寿命的主要因素；若下降得很快，将导致产品的使用寿命大大缩短。此外，材料强度可能在裂纹出现之前较长的时间内保持一定的稳定性，在没有任何警示的情况下突然下降。因此，应探究在各种环境条件下复合材料性能的变化规律及变化机理，及时对材料结构的完整性进行检测。

2.1　碳纤维复合芯导线耐久性

2.1.1　复合材料耐久性

高分子材料（包括塑料、橡胶、涂料、纤维等）在加工、储存和使用过程中，由于受内外因素的综合作用，其性能逐渐变坏，以致丧失使用价值，这种现象称为老化。老化是一种不可逆的变化，或者说是不可逆的化学反应。有些聚合物材料受到外界某种因素的影响时，也会出现类似于老化的现象，例如：有些绝缘材料，当受潮后绝缘性能下降，但干燥后，又恢复原有的绝缘性能；某些工程塑料，在温湿度不同的条件下，其机械性能呈可逆性的起伏变化等，这类可逆性的变化，实质上是一种物理过程，没有触及高分子化学结构的变化，因此不属于老化。

高分子材料发生老化现象很多，主要的变化归纳起来表现为以下四个方面。

（1）外观的变化：材料发黏、变硬、变软、变脆、龟裂、变形、沾污、长霉、出现失光、变色、粉化、起泡、剥落、银纹、斑、喷霜、锈蚀等。

（2）物理化学性能的变化：比重、导热系数、玻璃化温度、熔点、熔融指数、折光率、透光率、溶解度、分子量、分子量分布、羰基含量等的变化；耐热、耐寒、透气、透光等性能的变化。

（3）机械性能的变化：拉伸强度、伸长率、冲击强度、弯曲强度、剪切强度、疲劳强度、硬度、弹性、附着力、耐磨强度等性能的变化。

（4）电性能的变化：绝缘电阻、介电常数、介电损耗、击穿电压等电性能的变化。

一种高分子材料在它的老化过程中，一般都不会也不可能同时出现上述所有变化和现象，往往只是其中一些性能指标的变化，并且常在外观上出现一种或数种变化。

2.1.2　影响耐久性的关键因素

（1）温度。在地球表面接收到的太阳辐射中，红外辐射达到 60%，红外辐射被材料所吸收，都转变为热能，提高了材料的温度。热是促进高分子材料老化的重要影响因素，会影响材料的化学反应速率和光化学反应速率，加速材料的破坏作用。热量的吸收提高了高分子材料的温度，温度的升高又促进材料分子的热运动，从而使材料发生降解或者交联。降解会使材料的分子量降低、伸长率和强度等下降，而交联会导致材料的分子量增大、刚度提高。温度也会影响稳定剂、增塑剂等添加剂和外来组分，如污染物、杂质等的扩散速率，加速材料的老化。另外温度变化会引起高分子材料体积的收缩和膨胀，诱导材料表面或内部产生龟裂或开裂。研究表明，在空气氛围下，如果环境温度接近高分子材料的玻璃化转变温度，热会诱导产生热氧化老化，使高分子降解而失效。对于环氧树脂而言，在热量和氧气同时存在的情况下，热会促进氧化反应的进行，发生热氧老化，这种热氧老化会使环氧树脂发生物理老化和化学老化。其中物理老化会诱导环氧树脂从玻璃态向亚稳平衡态转变，并且环氧树脂的玻璃化转变温度和模量会有所提高；而化学老化对环氧树脂的影响是对环氧树脂起到后固化作用，使树脂结构中羰基含量提高、链段变短，这些作用会降低环氧树脂的使用性能，并且加深树脂的颜色。

（2）水分。水对于高分子的作用主要表现为降水、湿气的侵袭和凝露等。雨水、凝露会在材料的表面形成水膜，并渗透到材料的内部，会影响高分子材料的某些性质和使用性能。水分主要通过三种方式渗透进入环氧树脂中：环氧树脂结构的降解、由树脂表面的自由能而吸附水分、利用环氧树脂组成中极性官能团对水分的吸引。

（3）机械应力。环氧树脂在大多数情况下都是在应力状态下使用，而机械应力对材料的化学反应速率有很大的影响。如果由于生产加工时的某些因素，复合材料内部的结构和应力分布不均匀，那么在持续的使用过程中，机械应力会破坏材料的分子结构，使分子链断裂，产生自由基。在空气中使用时，由应力活化产生的自由基会进一步引发高分子材料的氧化反应，即力学化学过程。机械应力作用的程度不同，由应力活化产生的自由基浓度也不同，间接地影响了高分子材料的氧化速率。

（4）紫外线。太阳辐射能够使高分子材料发生老化。在老化过程中，光使游离基生成的引发剂，使高分子材料发生光氧化反应。能量较高的辐射，如紫外光辐射活性较大，虽然含量极少，但少量的紫外辐射就能够使高分子材料中的化学键断裂或者形成，对高分子材料的破坏较为严重。材料在光的照射下会吸收特定波长的光，从稳态转入激发态，激发态不稳定，光能通过氧化、降解等反应形式转化为化学能。

2.2　碳纤维复合芯导线耐久性评估

碳纤维复合材料导线因其优异的综合性能在电网输电应用方面备受关注，碳纤维复合芯导线在国内挂网运行已十余年。由于复合材料在各种环境因素作用下会发生老化，设计与使用部门对碳纤维复合材料导线的耐久性的寿命周期便分外关注。此外，碳纤维复合芯导线设计及运行需要采用合理的安全系数，由于目前一直缺乏科学的安全裕度指标，国内碳纤维复合芯的研究和应用一味地追求"更强、更耐热"，造成了复合芯导线生产成本不断增高和不必要的浪费，给复合芯导线的大范围推广应用带来了障碍。本节通过建立碳纤维复合芯导线的失效判据和研究加速老化试验方法，探究碳纤维复合芯导线的准确寿命预期，为线路安全运行提供试验依据和理论基础。

2.2.1　耐久性评估研究现状

2.2.1.1　复合材料耐久性预测

如何通过高温下的材料寿命准确预测出正常环境条件下的材料寿命是一个严峻的问题，这一问题的关键是需要建立一个准确的加速老化模型。由于复合材料的老化影响因素众多，材料结构本身也具有复杂性，所以自主建立一个精准的加速模型较为困难。目前已经有一些经典的加速老化模型可供使用，但不同的加速老化模型有其不同的应用条件。聚合物基复合材料的寿命预测问题受多种环境因素的影响，根据老化过程中出发点的不同和描述参数的不同，可以把聚合物基复合材料腐蚀寿命预测的方法分为三大类：①根据动力学原理建立的阿伦尼乌斯模型；②Γ·Μ·古尼耶夫等人建立起来的剩余强度模型；③基于应力松弛理论建立的应力松弛时间模型。

2.2.1.2 碳纤维复合芯耐久性研究进展

在碳纤维复合芯导线的耐久性研究方面，国外主要有美国 CTC 公司、国内主要有全球能源互联网研究院、山东大学、国防科技大学、中复碳芯电缆科技有限公司，对复合芯老化行为和耐久性进行过试验研究及评估。

美国 CTC 公司分别研究了碳纤维复合芯棒的热老化、湿热老化和弯曲疲劳行为：①热老化采用 180℃和 200℃恒温热老化方法进行了 52 周试验，研究了复合芯棒的失重、强度降、玻璃化转变温度变化规律，发现了老化过程中产生玻纤氧化阻挡层，依据试验结果建立了氧气扩散方程，评估了复合芯热老化寿命。②湿热老化进行了 32 周的热水浸泡试验，水温分别为 40、60℃和 90℃；随着吸湿的进行，复合芯玻璃化温度和剪切强度降低，水分去除之后复合芯强度可回复到初始强度的 77％～98％。③弯曲疲劳试验采用 47％、53％、58％、63％、68％FS 共 5 个应力水平，经过数百万次弯曲疲劳之后，复合芯棒保持了 85％～90％的弯曲强度和弯曲模量，拉伸强度未见影响；疲劳破坏最开始发生在玻纤层内，从基体树脂破坏、玻纤断裂，进而扩展到玻纤/碳纤层界面，导致界面层发生环向开裂。

美国南加州大学化工与材料学院 Barjasteh 研究了复合芯棒在 180℃和 200℃下的长期老化性能；试验结果证明，复合芯在经历了 52 周的老化后，芯棒的拉伸强度保持稳定，降低幅度较小。研究发现碳纤维复合芯的老化寿命受氧气扩散速率控制，即随着老化时间的延长，碳纤维复合芯内的氧气通过树脂及缺陷进行扩散，在扩散过程中会发生反应形成一个氧阻碍层，因此老化过程是一个缓慢的氧扩散型进程，并由此推算出复合芯材料在热作用下可以使用不低于 60 年。

美国南加州大学化工与材料学院 YI Tsai 利用水煮试验对复合芯的湿热行为进行研究；结果表明，随着水温的升高，复合芯极限吸湿量有所增大，随着吸湿的进行，复合芯温度 T_g 快速下降，而复合芯层间剪切强度在水温 60℃以内温和减小，随着水温的升高，剪切强度迅速下降。

国防科技大学乔海霞在考察碳纤维电缆芯的使用寿命时，对复合材料电缆芯进行加速湿热老化试验，并用百分回归法对半经验数学模型参数进行拟合，根据拟合的模型预测其弯曲强度保留率为 50％时的加速老化时间，最后根据环境当量估算出复合材料电缆芯的工作寿命。在自然老化条件下，试样的力学性能保留率为 50％时的预估寿命为 9.21 年。山东大学对碳纤维复合芯进行了 5000 多小时的湿热老化、紫外老化和盐雾老化试验，发现这三种老化方式对复合芯棒性能影响不大。

2.2.2　碳纤维复合芯耐久性动因分析

碳纤维复合芯导线在使用过程中通常受到以下因素的影响，主要包括导线温升引起的温度场、空气湿度引入的湿度场、日光照射带来的紫外线和风振舞动带来的振动场。对于舞动和地震等不可预期因素引起的导线性能衰减，不在考察范围内。

2.2.2.1　紫外光对复合芯老化的影响

复合材料受紫外线照射后往往树脂会很快发生降解，是引起复合材料老化的关键因素；但是由于紫外线的穿透能力有限，并且复合芯导线采用梯形软铝线绞织，两层绞线反向交叉后，能够投射到复合芯棒表面的紫外线强度经检测为零。紫外加速试验即将复合芯放置于氙灯老化箱中，在日光强度 3 倍的情况下加速老化 2000h，未发现导线表面颜色变化，因此紫外线的影响暂不考虑。

2.2.2.2　温湿度对复合芯的影响

复合芯在服役过程中会受到各种环境因素的影响，尤其是湿热环境的影响，使材料吸湿，内部产生应力，使其强度和使用寿命大大降低，造成很大损失。

对于湿热老化，可采用剩余强度理论模型进行寿命分析。由于自然老化条件下的复合材料老化数据较少，有人提出了高可靠度、高置信度复合材料加速老化公式，这个方法可以使不同时刻的老化数据充分使用，为数据统计提供"横向信息"。采用这种方法获得的信息量要远远大于传统的分别采用不同时刻的老化数据的方法，可以较大程度上提高复合材料的寿命预测精度，使预测的寿命结果更为贴近实际结果。

对于高温下纯热作用下的复合芯寿命评估，采用阿伦纽斯方程进行求解。借鉴常规法研究以热因素为主的老化现象，通过对试样在数个恒温下做加速老化试验，记录每个温度下试样老化性能失效时间，找出能够反映材料老化时间与老化温度的变化规律，采用最小二乘法计算出老化方程，外推绝缘材料正常工作温度下的老化寿命。

2.2.2.3 振动疲劳

在风的作用下，交替的卡门漩涡脱落产生的交变升力会诱发导线做频率 3～50Hz 且振幅不超过导线直径的高频振动。尽管微风振动引起的振幅较小，但实际上它是引起导线高应变高应力点（如悬挂点、金具夹头）疲劳破坏的重要原因。不同于钢芯绞线，复合芯由于模量较高、韧性较大，在长期风振载荷下会发生破坏，所以必须对复合芯的疲劳行为进行研究，并获得复合芯疲劳寿命。

2.3 耐 久 性 评 价

2.3.1 耐热性试验

作为一种新型导线，碳纤维复合芯导线在线路运行状态下的使用寿命是线路设计的重要依据。由于复合芯导线在运行过程中长期处于导线发热、铝线重力、风振等应力交变复杂工况下，与普通环境下单一热老化情况相比，还需要重点考量重力载荷的影响与风振对其微观形貌和宏观机械性能的影响。因此，需要对导线在不同湿度和载荷下的使用寿命进行全面测试。

对玻璃化温度 T_g 为 193℃复合芯试样进行人工加速老化试验，在玻璃化温度附近每隔 10℃选取 1 个点，共选 4 个温度点作为复合芯导线老化温度，张力加载均为 25%RTS。复合芯高温老化曲线如图 2-1 所示。

从图 2-1 复合芯老化曲线可以看出，随着老化温度下降，复合芯棒老化速率下降，在 170℃、19000h 附近拉伸强度下降为初始拉伸强度的 70%。

图 2-2 所示为未老化、老化 2000、4000h 和 6000h 的试样的红外光谱图谱。复合芯的失重通常认为有两个原因，一种归因于树脂材料中未完全反应组分、填料与小分子链的断开与缓慢挥发，另一种归因于环氧树脂发生了氧化

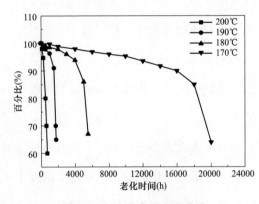

图 2-1 复合芯高温老化曲线

反应，生成了易挥发的新产物。红外光谱在 $3694cm^{-1}$ 存在一个 $C\equiv C-H$ 伸缩振动，在 $2950cm^{-1}$ 存在一个 C-H 伸缩振动，在 $1731cm^{-1}$ 存在一个 $C=O$ 伸缩振动，在 $449.3cm^{-1}$ 存在一个仲酰胺官能团。从图 2-2 所示图谱中可以看出，不同老化时间后，红外光谱检测结果几乎相同，没有检测出新物质的产生。

利用阿伦纽斯方程，可以推导出复合芯长期耐热性结果如图 2-3 所示。

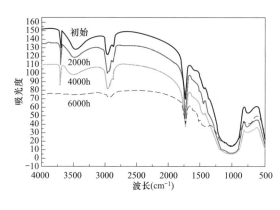 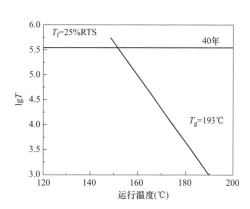

图 2-2　老化前后试样的
红外光谱图谱

图 2-3　利用阿伦纽斯方程推导的
复合芯长期耐热性曲线

从图 2-3 可以看出，碳纤维复合芯导线可以在高温下长时间的使用，按照目前导线设计寿命 40 年推导，复合芯的长期耐热温度可以达到 150℃。

2.3.2　碳纤维复合芯耐湿热性能评估

2.3.2.1　湿度对芯棒吸湿的影响

吸湿是水扩散进入复合材料的过程，吸湿速率与起始环境湿度有关。图 2-4 给出了复合芯在相同温度下，分别在 40％、65％、90％相对湿度时，吸湿量随时间的变化曲线，从图中可以看出吸湿速率随环境的相对湿度增加而增大，其他复合材料或纯树脂材料也有相似的结果。这是因为相对湿度越大，水分子的浓度越高，水分子的扩散速率就会越大。如果吸湿过程环境湿度发生变化，则复合材料吸湿量也随之变化。同时，随着相对湿度的增大，复合材料的饱和吸湿量也显著增加。

2.3.2.2　温度对复合材料吸湿的影响

图 2-5 给出了复合芯在相同湿度下，分别在 323、343、363K 温度时，吸湿量随时间的变化曲线。从图 2-5 中可以看出，复合芯在较高温度下的吸湿速率较大，饱和吸湿量也有所

增加，且达到平衡吸湿量的时间较短。这是因为温度升高，水分子活性增加，扩散运动加快，树脂基体内部的分子会产生链段运动，导致吸湿能够迅速地增加，吸湿速率增大，饱和吸湿量也增大。

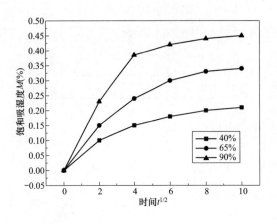

图 2-4　湿度对复合芯吸湿的影响曲线　　　　图 2-5　RH 90％时温度对复合芯吸湿的影响曲线

2.3.2.3　湿热对复合材料纵向拉伸性能影响

单向复合材料的纵向拉伸强度，主要由纤维性能控制。一般来说，复合材料的抗拉伸模量在整个老化过程中变化不大。增强纤维的模量一般比树脂基体高 1～2 个数量级，对复合材料的抗拉伸模量起决定性作用。增强纤维的耐湿热老化性能很好，尤其是碳纤维，在湿热老化过程中几乎不发生变化。因此，湿热环境对单向复合材料的拉伸模量的影响不大。复合芯在温度为 90℃、相对湿度为 90％湿热条件下，老化 6000h 后拉伸强度和拉伸模量保持率均为 90％，如图 2-6 所示。

引起复合材料拉伸强度的下降主要有三方面的因素：

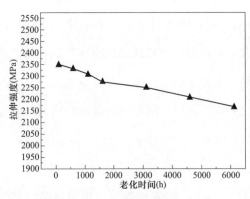

图 2-6　RH 90％时复合芯棒拉伸
强度的变化曲线

（1）基体材料力学性能下降，导致复合材料力学性能下降。

（2）在湿热环境下主要是树脂吸湿，玻纤基本不吸湿，由此产生湿膨胀差异，从而引起应力集中。当应力足够大时，树脂和纤维的界面作用力被削弱，甚至会遭到破坏。在长达 6000h 的湿热环境下，树脂和纤维遭到破坏，所以复合材料拉伸性能下降。

（3）样品中存在空隙，老化过程中水分子浸入导致空隙增大，演变成裂纹，对复合材料的力学性能产生致命影响。因此，老化到最后复合材料拉伸强度下降了 10%。

目前，环境对复合材料的影响还不能完全定量估算，通常用基于一般过程的近似描述得到的半经验数学模型来预测复合材料的使用寿命。俄罗斯全俄航空材料研究院 Γ·M·古尼耶夫等人认为，聚合物基复合材料老化过程中的可逆与不可逆的性能变化对材料性能有着正面影响（增强过程），也有负面影响（损伤过程）。在无负荷条件下暴露于环境中的热固性复合材料，假设增强过程和损伤过程是相互独立的，那么性能的不可逆变化所造成的复合材料强度变化可描述为：

$$S = S_0 + \eta[1 - \exp(-\lambda t)] - \beta \ln(1 + \alpha t) \tag{2-1}$$

式中　η——材料固化参数；

　　　λ——材料和外部环境参数，反映强化速率特征；

　　　β——材料抗裂纹扩展参数；

　　　α——外部环境的侵蚀性参数；

　　　S——复合材料老化时间 t 后的强度；

　　　S_0——复合材料初始强度。

采用加速老化拉伸强度数据对加速老化弯曲强度中值曲线进行拟合，求得半经验数学模型的参数见表 2-1。

表 2-1　　　　　　　　　　　半经验数学模型计算参数

规格	S_0	η	β	λ	α
$\phi 8.5$	2550.98	1071.52	83.75	1688.89	967.71

将表 2-1 中的参数代入式（2-1）求得复合芯中值曲线方程为：

$$S = 2550.98 + 1071.52[1 - \exp(-1688.89t)] - 83.75\ln(1 + 967.71t) \tag{2-2}$$

2.3.2.4　加速老化拉伸强度的 B 基值曲线方程

在中值曲线方程的基础上加一个修正项 $-k_R(t)\sigma$，$k_R(t)$ 是置信度为 95%、可靠度为 90% 的二维单侧容限系数，则得到的方程即为 B 基值曲线方程。由以上拟合求得的一些中间量见表 2-2，代入得复合芯老化 B 基值曲线方程为：

$$S = 2550.98 + 1071.52[1 - \exp(-1688.89t)] - 83.75\ln(1 + 967.71t)$$
$$- 23.638 k_R(t) \tag{2-3}$$

表2-2 B基值曲线方程拟合的中间量

规格	n	Q_{min}	$\bar{x}$	$\bar{y}$	σ	D	l_{yy}	l_{xy}	l_{xx}
$\phi8.5$	55.632	15086.921	0.857	12.4	23.638	96.718	919.56	62.002	4.286

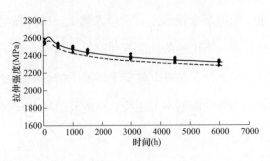

图2-7 国产高韧性复合芯寿命曲线

国产高韧性复合芯寿命曲线如图2-7所示。

2.3.2.5 环境当量的确定及寿命预估

要评估电缆芯的使用寿命，必须确定环境当量。所谓环境当量就是描述实验室加速老化与自然老化关系的一个变量。材料老化的外界因素主要有太阳光、氧、热、水分以及工业有害气体和微生物等。导致复合材料老化的主要因素是热（日光）、湿（水分）和紫外光，所以确定复合材料环境当量时要同时考虑以上三种老化因素的影响，即复合材料环境当量是温度当量、湿度当量和紫外光当量的综合评定。确定复合材料环境当量最直接的方法是进行自然大气老化试验，并对大气环境中的主要因素进行统计分析，然后再与实验室加速老化的情况进行对比。但是自然老化重复性差，需要长久的时间，一般要十年甚至更长，难以适应技术发展的需要。因此，本节采用了简单描述加速老化与环境老化相关性的经验公式，该式只适用于加速湿热老化：

$$K = \frac{t_2}{t_1} = \frac{\exp(-C/T_1\varphi_1)}{\exp(-C/T_2\varphi_2)} \tag{2-4}$$

式中 K——环境当量；

t_1——实际暴露时间，h；

t_2——加速老化时间，h；

T_1、φ_1——实际暴露温度和相对湿度，℃和％；

T_2、φ_2——加速老化温度和相对湿度，℃和％；

C——试验系数，$T_2\leq60$℃时，$C=46.10$，$T_2>60$℃时，$C=81.47$。

代入加速湿热老化试验的条件参数，求得本试验的环境当量见表2-3。

表2-3 加速湿热老化试验的条件参数及环境当量

试样	T_1(℃)	φ_1	C	K
1、2、3	50	RH25％	81.47	0.0257
	90	RH90％		

K 为 0.0257，即加速湿热试验 1h 等于自然老化 1.5d。在挂线应用老化条件下，三种芯棒拉伸强度保留率为 70% 时的预估寿命均为 63 年。

2.3.3　碳纤维复合芯耐疲劳性能试验

2.3.3.1　弯曲疲劳试验方法

根据《未增强和增强塑料及电绝缘材料弯曲性能标准试验方法》（ASTM D790—2010）、《碳纤维复合材料层合板弯曲疲劳试验方法》（HB 7624—1998）和《夹层结构弯曲性能试验方法》（GB/T 1456—2005），参考复合材料圆棒疲劳性能研究方法的相关文献，通过三点弯曲疲劳试验测试碳纤维复合芯疲劳性能，以试验过程中芯棒的刚度降作为损伤判据。三点弯曲疲劳试验原理如图 2-8 所示，加载跨距比为 $L/d=20$，d 为芯棒直径。

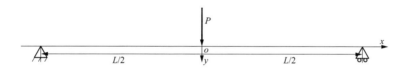

图 2-8　三点弯曲疲劳试验原理图

最大弯矩为：

$$M = \frac{1}{4}PL \tag{2-5}$$

式中　P——集中载荷，kN；

L——芯棒的长度，m。

最大挠度为：

$$y_{\max} = \frac{PL^3}{48EI} \tag{2-6}$$

式中　E——芯棒的弹性模量，N/mm^2；

I——芯棒的截面惯矩，mm^4。

由式（2-5）和式（2-6）可以得到最大弯矩与弯曲刚度和挠度的关系：

$$M = \frac{12y_{\max}}{L^2}EI \tag{2-7}$$

N·K·Kar 等人给出的刚度损伤定义为：

$$D = \left[1 - \frac{(EI)_n}{(EI)_1}\right] \times 100\% \tag{2-8}$$

试验以位移荷载编制疲劳载荷谱，试验过程中位移荷载幅值保持不变。结合式（2-6）～式（2-8），可以得到以疲劳试验过程中最大力荷载降低为依据的损伤判据：

$$D = \left[1 - \frac{(P)_n}{(P)_1}\right] \times 100\% \qquad (2\text{-}9)$$

以上各式中下角标 1 和 n 分别表示首次循环和第 n 次循环。

2.3.3.2 弯曲疲劳试验结果

1. 静力试验数据分析

根据三点弯曲静力试验结果，可以发现试件在达到极限荷载之前保持良好的线性，表现出较为理想的线弹性行为。根据荷载—挠度曲线的极限荷载及其对应的挠度编制表 2-4。极限荷载对应的挠度即为试件所能发生的最大挠曲变形时的挠度值，即最大挠度。

表 2-4　　　　　　　　　　　　　芯棒三点弯曲静力试验结果

试件编号	极限载荷（kN）	最大挠度（mm）
XJ-1	1.071	5.335
XJ-2	1.115	5.820
XJ-3	1.113	5.689
XJ-4	1.158	5.921
XJ-5	1.128	6.111
XJ-6	1.085	5.403
均值	1.112	5.713
相对误差（%）	2.244	23.75
标准差	0.031	0.301
变异系数（%）	2.785	5.267

由表 2-4 可以发现，试件在三点弯曲静力加载下的极限荷载变异系数比最大挠度变异系数小，表明三点弯曲下极限荷载的分散性较小，以极限荷载作为三点弯曲疲劳试验应力水平的计算标准，可以降低静力试验数据分散性对疲劳试验的影响。

2. 碳纤维复合芯三点弯曲疲劳数据分析

在疲劳分析中，需要利用各种试验获得的疲劳性能数据。由于疲劳试验数据常常有很大的分散性，因此，只有用统计分析的方法处理这些数据才能够对材料和构件的疲劳性能有比较清楚的了解。不同循环应力水平下，应力水平越低，寿命越长，分散性就越大。在同样的应力水平下，疲劳寿命可以相差几倍，甚至几十倍。因此，必须进行统计分析。对于给定了循环应力水平的一组试件，可以得到一组分散的疲劳寿命。

一般由取自该母体的若干试件组成的样本试验数据来计算均值、标准差和变异系数等反映数据分散性的参数值。

（1）均值和相对误差。样本均值 $\bar{x}$ 为：

$$\bar{x} = \frac{1}{n} \sum_{i=1}^{n} x_i \quad (i = 1, 2, \cdots, n) \tag{2-10}$$

式中　x_i——第 i 个观测数据，对于疲劳分析，则是第 i 个试件的寿命或对数寿命，即 $x_i = N_i$ 或 $x_i = \lg N_i$；

　　　n——样本中 x_i 的个数，称为样本的大小或样本容量。

样本平均偏差定义为：

$$\overline{x\%} = \frac{1}{n} \sum_{i=1}^{n} (x_i - \bar{x}) \quad (i = 1, 2, \cdots, n) \tag{2-11}$$

对误差处理为：

$$\delta = \frac{\overline{x\%}}{\bar{x}} \times 100\% \tag{2-12}$$

（2）方差和标准差。样本方差 s^2 为：

$$s^2 = \frac{1}{n-1} \sum_{1}^{n} (x_i - \bar{x})^2 = \frac{1}{n-1} \left(\sum x_i^2 - n\bar{x}^2 \right) \tag{2-13}$$

方差 s^2 的平方根 s 即样本标准差，是偏差（$x_i - \bar{x}$）的度量，反映了分散性的大小。

（3）变异系数。变异系数定义为：

$$C = \frac{S}{\bar{x}} \times 100\% \tag{2-14}$$

样本大小 n 越大，样本均值 $\bar{x}$ 和标准差 s 就越接近于母体均值 μ 和标准差 σ。

根据剩余刚度变化曲线，确定刚度分别降至 98%、95%、90%、80% 和 70% 时各试件的最大载荷 P_{max} 和循环次数，计算均值、相对误差、标准差和变异系数，分别见表 2-5～表 2-9。

表 2-5　　　　　　　芯棒室温 80% 应力水平三点弯曲疲劳试验结果

剩余刚度	降至 98%		降至 95%		降至 90%		降至 80%		降至 70%	
试件编号	P_{max}(kN)	循环次数	P_{max}(kN)	循环次数	P_{max}(kN)	循环次数	P_{max}(kN)	循环次数	P_{max}(kN)	循环次数
XP-1	0.822	6000	0.798	44000	0.756	136500	0.671	273500	0.587	541000
XP-2	0.840	11000	0.814	127500	0.772	147000	0.685	298000	0.599	671500
XP-10	0.841	7000	0.816	18500	0.772	165000	0.686	335000	0.601	717000
XP-11	0.842	6000	0.817	44500	0.774	100500	0.689	203000	0.603	368500
XP-18	0.838	28000	0.812	56500	0.770	145000	0.685	246000	0.598	390500

剩余刚度	降至98%		降至95%		降至90%		降至80%		降至70%	
均值	0.8366	11600	0.8114	58200	0.7688	138800	0.6832	271100	0.5976	537700
相对误差(%)	0.6980636	56.55172	0.660587	47.62887	0.665973	11.70029	0.714286	13.75138	0.709505	23.53729
标准差	0.0082946	9396.808	0.007733	41142.44	0.007294	23792.33	0.007014	50200.1	0.006229	158396.9
变异系数(%)	0.9914627	81.00697	0.95305	70.69147	0.94873	17.14145	1.026679	18.51719	1.04233	29.45823

表 2-6 芯棒室温70%应力水平三点弯曲疲劳试验结果

剩余刚度	降至98%		降至95%		降至90%		降至80%		降至70%	
试件编号	P_{max}(kN)	循环次数	P_{max}(kN)	循环次数	P_{max}(kN)	循环次数	P_{max}(kN)	循环次数	P_{max}(kN)	循环次数
XP-4	0.734	5800	0.712	31720	0.674	316600	0.598	623520		
XP-5	0.731	28280	0.710	62680	0.671	202660	0.597	348500	0.522	819840
XP-12	0.740	58500	0.717	324500	0.679	450000	0.604	898500		
XP-13	0.736	204500	0.715	315000	0.676	417500	0.601	845500		
XP-17	0.736	138000	0.714	247000	0.676	416000	0.600	766000		
均值	0.7354	87016	0.7136	196180	0.6752	360552	0.600	696404		
相对误差(%)	0.3154746	77.44231	0.29148	60.75237	0.319905	22.39278	0.333333	24.16919		
标准差	0.0032863	82554.49	0.002702	139674.8	0.00295	101464.5	0.002739	220377.7		
变异系数(%)	0.4468773	94.87277	0.378623	71.19728	0.436845	28.14143	0.456435	31.64509		

表 2-7 芯棒室温60%应力水平三点弯曲疲劳试验结果

剩余刚度	降至98%		降至95%		降至90%		降至80%	
试件编号	P_{max}(kN)	循环次数	P_{max}(kN)	循环次数	P_{max}(kN)	循环次数	P_{max}(kN)	循环次数
XP-6	0.636	292580	0.617	690280	0.582	947740		
XP-7	0.638	244080	0.618	493200	0.585	1005460		
XP-14	0.637	357500	0.618	660000	0.585	922500		
XP-15	0.631	82500	0.612	548500	0.580	900000		
XP-16	0.643	4000	0.623	11500	0.590	41500	0.524	663500
均值	0.637	196132	0.6176	480696	0.5844	763440		
相对误差(%)	0.4395604	62.35882	0.401554	39.04305	0.465435	37.82563		
标准差	0.0043012	147874.8	0.003912	274305.5	0.003782	405489.3		
变异系数(%)	0.6752218	75.39554	0.633342	57.06423	0.64708	53.11345		

表 2-8　　　　　　　　　　芯棒室温 55% 应力水平三点弯曲疲劳试验结果

剩余刚度	降至 98%		降至 95%		降至 90%	
试件编号	P_{max}(kN)	循环次数	P_{max}(kN)	循环次数	P_{max}(kN)	循环次数
XP-8	0.574	453000	0.558	608000	0.529	695000
XP-20	0.587	407000	0.572	664000	0.541	847000
XP-21	0.587	686500	0.569	827000		
XP-22	0.584	446000	0.566	721500	0.535	914500
均值	0.583	498125	0.56625	705125	0.535	818833.3
相对误差（%）	0.7718696	18.90841	0.750552	9.803226	0.747664	10.0821
标准差	0.0061644	127203.5	0.006021	93534.64		112428.1
变异系数（%）	1.0573609	25.53646	1.063275	13.26497	1.121495	13.73028

表 2-9　　　　　　　　　　芯棒室温 50% 应力水平三点弯曲疲劳试验结果

剩余刚度	降至 98%		降至 95%		降至 90%	
试件编号	P_{max}(kN)	循环次数	P_{max}(kN)	循环次数	P_{max}(kN)	循环次数
XP-9	0.528	1232500				
XP-23	0.528	1223500	0.512	1333000		
均值	0.528	1228000				
相对误差（%）	0	0.36645				
标准差	0	6363.961				
变异系数（%）	0	0.518238				

从表 2-5～表 2-9 数据可以看出，试件在不同应力水平下最大荷载的相对误差均低于试验机的精度 1%，表明试验数据可靠。

2.3.3.3　疲劳寿命预测

根据不同应力水平下最大荷载和循环次数数据，去除部分无效或不合理数据，可以计算出不同应力水平下刚度分别降至 98%、95% 和 90% 时循环次数的平均值。根据跨距比的关系，可以得到复合芯截面最大弯曲正应力 S（或 σ）：

$$S = \frac{M}{W_z} = \frac{M}{\pi d^3/16} = \frac{80P}{\pi d^2} \qquad (2-15)$$

根据 $S-N$ 曲线的幂函数经验公式：

$$S^{a_1} \cdot N = C_1 \qquad (2-16)$$

可以给出双对数形式的 $S-N$ 曲线公式：

$$\lg S = a_1 + b_1 \lg N \qquad (2-17)$$

此外，根据 $S-N$ 曲线的指数函数经验公式：

$$N \cdot e^{a_2 S} = C_2 \qquad (2-18)$$

可得出半对数形式的 $S-N$ 曲线公式：

$$S = a_2 + b_2 \lg N \tag{2-19}$$

根据循环次数均值和应力水平百分比拟合出试件疲劳寿命曲线，并给出拟合曲线表达式。

不同应力水平下刚度降至 98％、95％ 和 90％ 时的循环次数见表 2-10～表 2-12，相应的疲劳寿命曲线如图 2-9～图 2-11 所示。

表 2-10　　　　　　　　　不同应力水平下刚度降至 98％ 时循环次数

应力水平	百分比	80％	70％	60％	55％	50％
	P(kN)	0.8896	0.7784	0.6672	0.6116	0.556
	S(MPa)	0.306449	0.268143	0.229837	0.210684	0.191531
	$\lg S$(MPa)	−0.51364	−0.57163	−0.63858	−0.67637	−0.71776
循环次数		11600	87016	196132	498125	1228000
对数寿命		4.064458	4.939599	5.292548	5.697338	6.089198

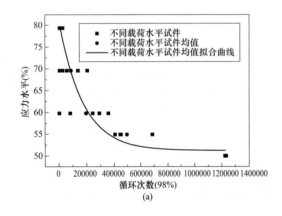

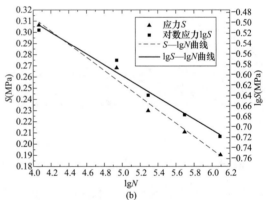

图 2-9　刚度降至 98％ 疲劳寿命曲线

（a）基于应力水平百分比与循环次数的 $S-N$ 曲线；（b）对数 $S-N$ 曲线

表 2-11　　　　　　　　　不同应力水平下刚度降至 95％ 时循环次数

应力水平	百分比	80％	70％	60％	55％	50％
	P(kN)	0.8896	0.7784	0.6672	0.6116	0.556
	S(MPa)	0.306449	0.268143	0.229837	0.210684	0.191531
	$\lg S$(MPa)	−0.51364	−0.57163	−0.63858	−0.67637	−0.71776
循环次数		58200	196180	480696	705125	1333000
对数寿命		4.764923	5.292655	5.681871	5.848266	6.12483

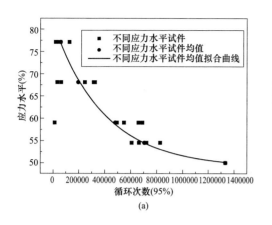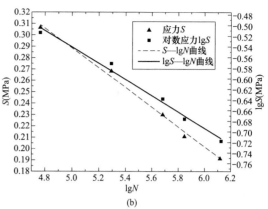

图 2-10　刚度降至 95% 疲劳寿命曲线

（a）基于应力水平百分比与循环次数的 $S-N$ 曲线；（b）对数 $S-N$ 曲线

表 2-12　　　　　　　　　　**不同应力水平下刚度降至 90% 时循环次数**

	百分比	80%	70%	60%	55%	50%
应力水平	P（kN）	0.8896	0.7784	0.6672	0.6116	0.556
	S（MPa）	0.306449	0.268143	0.229837	0.210684	0.191531
	$\lg S$（MPa）	−0.51364	−0.57163	−0.63858	−0.67637	−0.71776
循环次数		138800	360552	763440	818833.3	—
对数寿命		5.142389	5.556968	5.882775	5.913195	—

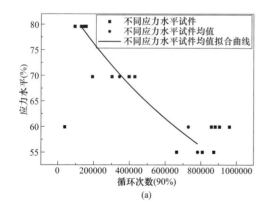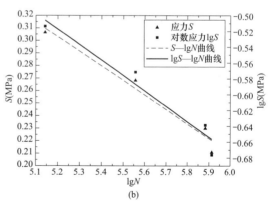

图 2-11　刚度降至 90% 疲劳寿命曲线

（a）基于应力水平百分比与循环次数的 $S-N$ 曲线；（b）对数 $S-N$ 曲线

图 2-9～图 2-11 中，三张图（a）的拟合曲线的表达式为：

$$y = A \times \exp\left(-\frac{x}{t}\right) + y_0 \qquad (2-20)$$

21

式中　　y——应力水平；

　　　　x——循环次数；

A、t、y_0——参数，数值见表 2-13。

表 2-13　　　　　　　　　　A、t、y_0 参数值及标准偏差

参数	98%		95%		90%	
	数值	标准偏差	数值	标准偏差	数值	标准偏差
A	30.63384	2.41252	35.64472	0.92851	54.6900	56.63183
t	172700.80691	34681.905	397840.643	31288.2235	1.02583	1.88228E6
y_0	51.25407	1.60462	48.89654	0.86063	32.0367	62.35727

双对数 $S-N$ 曲线表达式（2-17）和半对数形式 $S-N$ 曲线表达式（2-19）中参数值见表 2-14。

表 2-14　　　　　　　　　　　　$S-N$ 拟合曲线参数值

参数		98%		95%		90%	
		数值	标准偏差	数值	标准偏差	数值	标准偏差
$\lg S - \lg N$	a_1	−0.08129	0.05198	0.22601	0.05853	0.4979	0.18458
	b_1	−0.10396	0.00988	−0.15329	0.01052	−0.19523	0.03277
$S - \lg N$	a_2	0.54861	0.02593	0.72326	0.0214	0.90747	0.08629
	b_2	−0.0589	0.00493	−0.08695	0.00385	−0.11624	0.01532

2.3.3.4　条件疲劳极限

根据式（2-20）及表 2-14 中参数值，可以预测刚度降至 98%、95% 和 90% 时循环 100 万次的条件疲劳极限，见表 2-15。

表 2-15　　　　　　　　　式（2-20）条件疲劳极限（100 万次）

剩余刚度		98%		95%		90%	
		数值	标准偏差	数值	标准偏差	数值	标准偏差
载荷水平	百分比（%）	51.3477	1.6046	51.783	0.8606	32.0367	95.6487
	载荷（kN）	0.571（±0.018）		0.576（±0.0096）		0.356（±1.064）	
疲劳极限（MPa）		0.196702	0.00612	0.198349	0.003294	0.122733	0.366398

由表 2-15 可以发现，刚度降至 95% 时条件疲劳极限的标准偏差最小，因此以刚度降至 95% 时的疲劳寿命曲线预测条件疲劳极限比较准确。

根据式（2-17）、式（2-19）及表 2-14 中参数值，可以预测刚度降至 98%、95% 和 90% 时循环 100 万次的条件疲劳极限，见表 2-16。

表 2-16　　　　　　　　　　**S－N 曲线的条件疲劳极限（100 万次）**

剩余刚度			98%		95%		90%	
			S(MPa)	标准偏差	S(MPa)	标准偏差	S(MPa)	标准偏差
疲劳极限	lgS－lgN 曲线	lgS	−0.705	0.1113	−0.6937	0.1216	−0.6735	0.3812
		S	0.1972		0.2024		0.2121	
	S－lgN 曲线		0.1952	0.0555	0.2016	0.0445	0.21	0.1782

由表 2-16 可以发现，根据拟合出的双对数和半对数形式 S－N 曲线预测的条件疲劳极限之间的误差较小。

导线的微风振动，是风载荷作用下最常见的高频微幅振动。微风振动引起的振幅较小，是引起铝绞线疲劳破坏的重要原因。跨距为 400m 的 JLRX/T 413/52 导线风振数据见表 2-17。

表 2-17　　　　　　　　　**跨距为 400m 的 JLRX/T 413/52 导线风振数据**

风振状态	频率（Hz）	振幅（mm）	波长（m）	振动角（°）
1 号	15	10	10	0.45
2 号	30	4	4	0.27
3 号	50	2	2	0.15

针对复合芯服役期间的抗微风振动性能，试验考察了复合芯的弯曲疲劳性能，试验参数设置及结果见表 2-18。

表 2-18　　　　　　　　　　**复合芯弯曲疲劳试验参数设置及结果**

疲劳试验应力水平（%）	80	70	60	55	50
波长 34cm 时振幅（mm）	1.95	1.69	1.44	1.3	1.25
振动角（°）	2.46	2.12	1.83	1.76	1.53

从表 2-18 可以看出，以复合芯刚度降为指标得到复合芯条件疲劳极限为 55%，对应振动角度为 1.76°，可以认为具有无限寿命。实际工况下，导线对应的振动角约为测试工况的 25% 以下，所以风振对复合芯寿命的影响不予考虑。

碳纤维复合芯表现出优异的耐高温性能和耐湿热老化性能，试验结果表明能够在现有设计工况下安全运行，并且碳纤维复合芯疲劳极限远高于金属材料，能够抵抗微风振动的长期作用。

第3章
碳纤维复合芯导线典型运行特性及工程应用

3.1 碳纤维复合芯导线的覆冰特性

3.1.1 覆冰试验平台

为真实反映碳纤维复合芯导线的典型运行特性，基于我国中部地区山顶气候特征，建立了导线覆冰/融冰试验场，开展了不同型号导线的覆冰融冰试验。此外，利用真型试验线路上的在线监测装置，完成了对两种类型导线的覆冰观测。

人工覆冰试验场位于河南郑州尖山山顶，海拔超过 800m，其平均气温比郑州市区低 5℃左右，冬季相对较长，这种低温资源有利于开展架空线路的覆冰及融冰试验。在试验基地的室外修建了架空线覆冰/融冰试验场，如图 3-1 所示。覆冰融冰试验场的基本构成包括线杆系统、喷雾覆冰装置、交直流融冰装置。

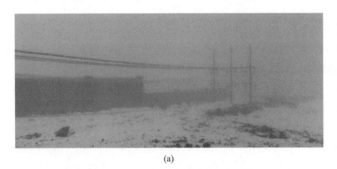
(a)

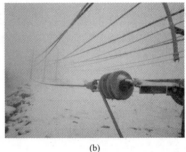
(b)

图 3-1 雪后大雾中的尖山覆冰/融冰试验场

（a）正面视图；（b）轴向视图

图 3-2 经 1h 喷雾后覆冰的导线

喷雾装置位于试验场架空线路的上方，采用高压水雾化原理，将过滤后的水均匀喷射到导线表面。由于冬季自然环境温度低于 0℃，喷出的水雾快速达到过冷状态，一旦接触导线表面，迅速凝结成冰。图 3-2 显示了经过 1h 喷雾的导线覆冰状态。

3.1.2 导线覆冰试验

利用模拟覆冰试验场，对四种普通钢芯铝绞线（圆线同心绞钢芯铝绞线）和四种型线同心绞碳纤维复合芯导线进行覆冰对比试验，结果如图3-3～图3-5所示。

图3-3 完全自然条件下冰架导线覆冰效果

(a) LGJ-300/40普通导线D2-6；(b) LGJ-150/25普通导线D2-2；

(c) JRLX/T-310/40碳纤维型线D1-4；(d) JRLX/T-240/28碳纤维型线D1-2

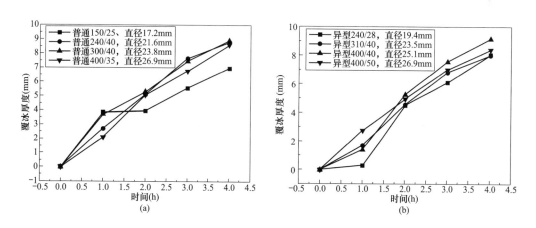

图3-4 相同类型、不同型号线径的导线覆冰增长过程示意图

(a) 普通导线；(b) 异型导线

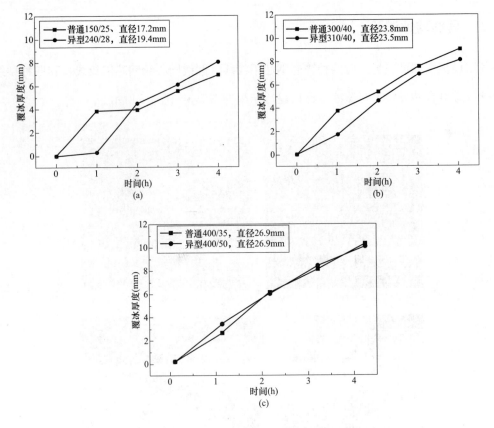

图 3-5　同直径不同种类导线的覆冰对比

（a）导线直径约 18mm；（b）导线直径约 24mm；（c）导线直径约 27mm

由图 3-3～图 3-5 可以看出，两种导线的覆冰冰型都接近新月形。无论是普通导线，还是异型导线，导线的覆冰厚度与覆冰时间呈非线性增长关系。在导线覆冰初期，异型导线的覆冰增长速度总体比普通导线要缓慢；随着覆冰时间的增加，两种相同直径导线的覆冰增长速度趋于一致，但两种类型导线覆冰厚度的差异较小，无显著的规律。

3.2　碳纤维复合芯导线的舞动特性

舞动是导线冬季运行过程中常见的现象。由于碳纤维复合芯导线质量轻、张力大、弧垂小，曾有人认为导线不易舞动。本节基于舞动对比试验，研究导线的舞动特性。

3.2.1　舞动试验平台

碳纤维导线和普通导线的抗拉强度和密度不同，设计使用张力和弧垂存在差别，因此一般认为两种导线舞动特性存在差异。为明确碳纤维导线与普通导线舞动特性的差别，依托位于郑州尖山的输电线路舞动防治技术实验室，建立了 2 档参数相同的舞动试验观测档，分别悬挂两种导线，对比相同风激励条件下两种导线在特定工况下表现出的舞动特性。

试验观测档线路档距 40m，可平行悬挂 2 种双分裂导线，且导线的张力和弧垂可调。试验导线对比组为：碳纤维复合芯圆铝硬线 2×JL/T-300/45-23.9/7.5 和钢芯铝绞线 LGJ-300/40。试验过程中按照张力相等的原则进行对比，普通导线弧垂为 4.2m，碳纤维导线的弧垂为 4.6m，如图 3-6 所示。试验导线上安装有 D 型人工模拟冰，最大冰厚为 25mm。同时，试验观测档线路安装有微气象、拉力测量、舞动幅值测量和视频监控装置。

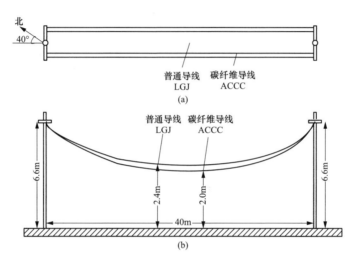

图 3-6　试验观测档线路示意图

（a）俯视图；（b）侧视图；（c）试验现场

3.2.2　舞动特性试验

为说明碳纤维导线与普通导线的舞动特性差别，以某次 5h 舞动事件为例，说明两种导线舞动特性的差异。图 3-7 为某次舞动过程中垂直导线方向的等效风速和舞动引起的导线动

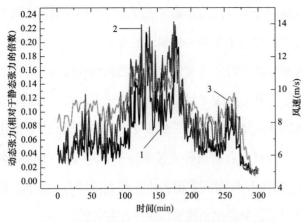

图 3-7 两种导线张力幅值与风速的相关性示意图

1—ACCC 幅值；2—LGJ 幅值；3—风速

态张力分量（相对导线静态张力的倍数）的变化曲线。

由图 3-7 可知，在相同覆冰和风速条件下，碳纤维导线舞动引起的动态张力分量较小，特别是在风速小于 9m/s 时，碳纤维导线舞动引起的动态张力分量显著小于普通导线。

为了更直观地反映导线舞动与风速的相关关系，将导线舞动引起的动态张力进行离散化处理：以 1min 为时间段，得到了不同平均风速（1min 平均风速）下两种导线舞动时动态张力分量幅值的变化规律，如图 3-8 所示。

从图 3-8 可知，相同的平均风速下，导线动态张力的幅值并不稳定，具有一定的波动性；其原因主要是不同时间间隔内，自然风的风谱特征不同。

为消除风谱特征的影响，对数据进行最小二乘法拟合，得到两种导线舞动时动

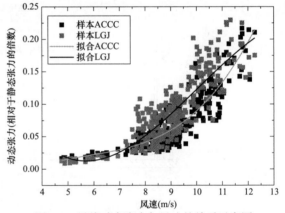

图 3-8 导线动态张力与风速的关系示意图

态张力幅值随平均风速变化的曲线，如图 3-8 所示。由图 3-8 可知，当风速较小时，碳纤维导线的动态张力比普通导线小；随着风速的增大，碳纤维导线动态张力的增大比普通导线快；当风速超过 12m/s 时，碳纤维导线的动态张力大于普通导线。这一特征可能会使悬挂碳纤维导线的杆塔承受超出预期的动态载荷，必须重视。

另外，由于导线舞动时动态张力和舞动幅值具有相关关系，当风速较大时碳纤维导线的舞动幅值可能会超出预期。因此，对于在运碳纤维复合芯导线应重视其舞动的可能性，及时安装防舞装置，并校验舞动后动态张力对杆塔承载的影响。

3.3 碳纤维导线的舞动疲劳与损伤特性

线路舞动会加剧导线弯曲，特别是悬垂线夹出口处的导线尤为严重。一般认为碳纤维复

合芯导线（特别是芯棒）抗弯能力较差，长时间舞动可能会引起导线受损。本节将基于舞动疲劳试验，研究导线的疲劳与损伤特性。

3.3.1 舞动模拟试验机

为确保舞动疲劳研究的顺利进行，研发了导线舞动模拟试验机。该试验机可以对一定长度（2×30m）的单导线施加一定的预紧力（1%RTS～15%RTS），在将导线拉直绷紧之后，通过在导线剪切方向有规律地（频率由小到大）施加较小的力使导线"舞动"，从而模拟自然风激励下导线舞动引起的张力大幅频变状态，最终研究大幅频的张力变化对导线和导线端部金具机械和寿命的影响。试验机可以悬挂单导线（185～630mm²），持续工作时间超过一周。图 3-9 和图 3-10 分别为导线舞动模拟试验机示意图和实物。

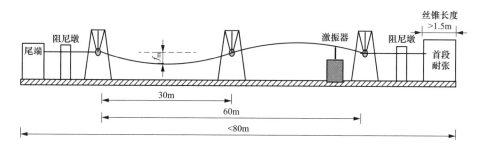

图 3-9 导线舞动模拟试验机示意图

3.3.2 舞动疲劳试验

试验导线包括碳纤维芯梯形软铝型线、碳纤维芯 Z 形软铝型线和普通钢芯铝绞线，导线型号有 JLRX/T-400/40、JLRX/T-310/40、JLRX/T-300/45、LGJ-300/40 等；试验导线长度为 70m，试验档距为 60m，导线安装单档和两档分别试验。试验导线的种类和布置见表 3-1。

图 3-10 导线舞动模拟试验机

表 3-1 试验导线种类和布置

导线类型	导线型号	导线长度（m）	导线试验布置
梯形软铝型线	JLRX/T-400/40	70	单档、两档
梯形软铝型线	JLRX/T-310/40	70	单档
Z 形软铝型线	JLRX/T-300/45	70	单档
普通钢芯铝绞线	LGJ-300/40	70	单档

试验模拟碳纤维导线在工程条件下的挂线方式，与工程工况接近的试验关注点如图 3-11 中实线圆框所示，图中虚线圆框中是为保护试验装置本体对导线的约束点。

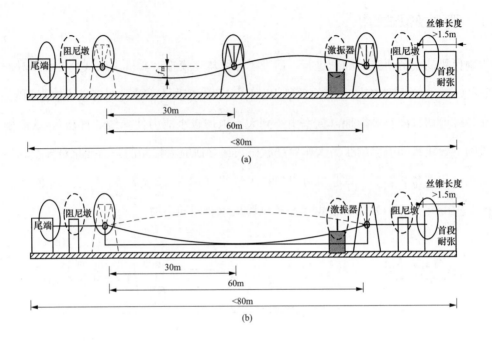

图 3-11　试验关注点示意图

（a）两档；（b）单档

导线疲劳舞动试验现象和结果见表 3-2、图 3-12 和图 3-13 所示。JLRX/T-300/45（Z 型碳纤维导线）在舞动 80 万次后，打开激振器线夹，发现 6 根子导线磨损较严重，磨损深度 0.54mm，线夹内部有较深磨痕，磨痕深度为 0.87mm。打开东侧线夹，发现 6 根子导线磨损 0.62mm，线夹内部有较深磨痕，磨痕深度为 0.75mm。

表 3-2　　　　　　　　　　　导线疲劳舞动试验现象与结果

类型	型号	拉力	频率(Hz)/舞动次数(次)	舞动时间(h)	试验关注点	导线约束点	舞动后的拉力试验
T 型	400/40	5%RTS	1.15/100 万	280	铝单丝没有断股，金具和橡胶有磨损	2 根铝单丝断股（激振器线夹附件）；铝单丝没有断股	舞动后 80% RTS拉力下未断
T 型	310/40	10%RTS	1.2/50 万	140	铝单丝没有断股，金具和橡胶有磨损	铝单丝断 3 股（有尼龙衬垫）	舞动后 80% RTS拉力下未断

续表

类型	型号	拉力	频率(Hz)/舞动次数(次)	舞动时间(h)	试验关注点	导线约束点	舞动后的拉力试验
T型	310/40	20%RTS	1.2/50万	140	铝单丝没有断股，金具和橡胶有磨损	铝单丝断10股（有尼龙衬垫）	舞动后80%RTS拉力下未断
Z型	300/45	10%RTS	1.2/130万	300	铝单丝没有断股，铝单丝之间有摩擦出现的铝粉	取消约束点	舞动后90%RTS拉力下未断
Z型	300/45	10%RTS	2/300万	340	铝单丝没有断股	铝单丝没有断股（有尼龙衬垫）	舞动后90%RTS拉力下未断
普通导线	300/40	10%RTS	1.2/300万	280	铝单丝没有断股，金具和橡胶有磨损	铝单丝没有断股（有尼龙衬垫）	舞动后90%RTS拉力下未断

图 3-12　导线舞动后单丝

断股示意图

图 3-13　导线舞动后悬垂线夹的磨损

情况示意图

试验结果表明：①同一种导线在不同拉力强度下表现出不同的损伤程度，拉力越大，导线铝层越容易出现疲劳断股。②导线断股位置多发生在应力集中部位，但是合适的导线金具安装方式可以避免断股的发生，如试验中安装预绞丝式的位置均没有断股。③虽然铝单丝断股，但是碳纤芯在舞动后依然可以保持在 80%～90% 的抗拉强度。④碳纤维导线的 T 型和 Z 型两种形式，并无显著区别，预绞丝金具对于保护 T 型和 Z 型两种导线没有差别，导线在舞动后碳纤芯均能保持 80%～90% 抗拉强度。⑤在合理保护的前提下，碳纤维导线和普通导线在铝单丝断股和抗拉强度保持两个方面并没有显著区别。

3.4 碳纤维复合芯导线工程应用与经济分析

为了进一步验证碳纤维复合芯导线的应用效果，依托于 110kV 川西Ⅰ输电线路增容改造工程，开展了碳纤维导线在示范工程中的应用。

3.4.1 工程概况

周口市 110kV 川西线因设计容量小、供电负荷大，需要对其进行增容改造。计划将川西Ⅰ线全线（001～094 号塔）的钢芯铝绞线更换为碳纤维复合芯软铝型导线。

川西Ⅰ线在改造前全线长约 59km，有杆塔 94 基，共 14 个耐张段。川西Ⅰ线 001～034 号塔线路与川西Ⅱ线 001～034 号塔线路同塔架设；川西Ⅰ线的 034～094 号塔与川西Ⅱ线 034～104 号塔分塔架设，走向平行（走廊间距不固定，其中最小值为 2 倍铁塔全高）。川西线的塔型如图 3-14 所示。

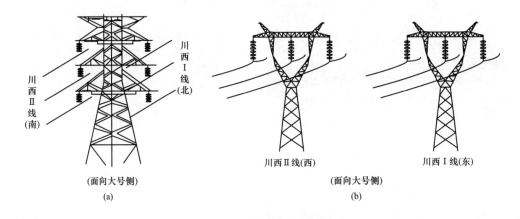

图 3-14 川西线塔型示意图

(a) 001～034 号塔之间同塔双回架设；

(b) 034～094 号塔之间分塔平行架设

线路走向与舞动记录：川西Ⅰ线 005～034 号塔间线路为东西走向，存在线路覆冰舞动问题。001～002 号塔间线路为东北-西南走向，003～004 号塔间线路为南北走向，005～034 号塔间线路为东西走向，035～094 号塔间线路是南北走向，图 3-15 所示为川西Ⅰ线和川西Ⅱ线走径图。

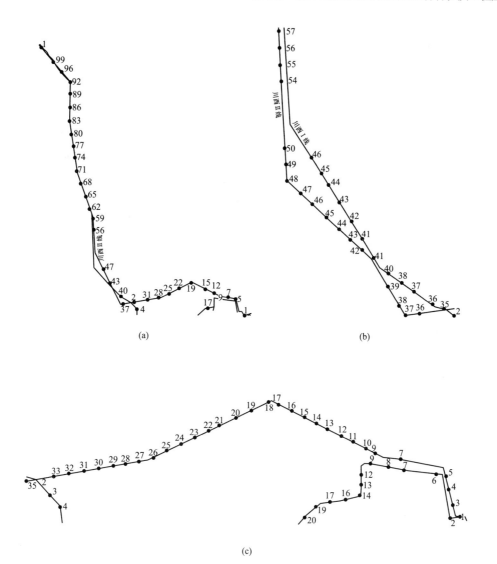

图 3-15 川西Ⅰ线和川西Ⅱ线走径图

（a）全长的走径；（b）034 号塔以后的走径；（c）001～034 号塔之间的走径

川西Ⅰ线和川西Ⅱ线的导线配置见表 3-3。

表 3-3 川西Ⅰ线和川西Ⅱ线的导线配置

位置		相线参数	架空地线参数	OPGW	备注
001～034 号塔之间（同塔双回）	川西Ⅰ线	钢芯铝绞线（LGJ-185/30）	钢绞线（GJ-35）	有	可提供 4 根光纤芯构成 2 路通信信道
	川西Ⅱ线	稀土钢芯铝绞线（LGJX-300/25）	钢绞线（GJ-50）		
034 号塔以后（分塔架设）	川西Ⅰ线	钢芯铝绞线（LGJ-185/30）	钢绞线（GJ-35）	—	容量的瓶颈
	川西Ⅱ线	稀土钢芯铝绞线（LGJX-300/25）	钢绞线（GJ-50）	—	

3.4.2 经济技术对比

以 110kV 川西Ⅰ线改造工程为例，对比采用钢芯铝绞线与碳纤维复合芯导线的技术经济性。该线路全长为 22.2km，该地区的气象条件组合见表 3-4。

表 3-4 线路设计用气象条件

项目	气象要素		
	温度（℃）	风速（m/s）	冰厚（mm）
大风	15	30	0
低温	−10	0	0
平均气温	15	0	0
高温	40	0	0
覆冰	−5	10	5
操作过电压	15	15	0
雷电过电压（有风）	15	10	0
雷电过电压（无风）	15	0	0
安装	0	10	0

3.4.2.1 两种不同的增容方案

（1）方案 1：将原线路推倒重建，重新组塔，选择使用载流量大的普通钢芯铝绞线 LGJ-400/50 实现线路增容。

（2）方案 2：原线路塔材保持不变，使用碳纤维复合芯导线 JLRX/T-185/28 替换原有导线实现增容。

3.4.2.2 容量对比

不同方案的极限输送容量见表 3-5。

表 3-5 不同改造方案输送容量对比

项目	原有工程	推倒重建（换塔换线）	换线
导线型号	LGJ-185	LGJ-400/50	JLRX/T-185/28
载流量（A）	539（环境温度 45℃）	879（环境温度 45℃）	1060（环境温度 45℃）
极限输送容量（MVA）	102	167	202

3.4.2.3 导线、绝缘子、金具对比

JLRX/T-185/28 和 LGJ-400/50 两种导线的线材特性对比见表 3-6，机械特性对比见表 3-7 所示，绝缘子选择对比见表 3-8。

表 3-6　　　　　　　　　　　　　　　两种导线的线材特性对比

导线型号	JLRX/T-185/28	LGJ-400/50
铝线根数	28	54
铝线直径（mm）	3.00	3.07
铝截面积（mm²）	185	399.73
钢线根数	—	7
钢线直径（mm）	—	3.07
钢截面积（mm²）	—	51.82
总截面积（mm²）	230	451.55
外径（mm）	19.5	27.63
直流电阻（Ω/km）	0.1478	0.07232
拉断力（N）	1184000	123400
质量（kg/km）	602.9	1511
弹性模量（N/mm²）	63000	69000
膨胀系数（1/℃）	18.6×10^{-6}	19.3×10^{-6}

表 3-7　　　　　　　　　　　　　　　两种导线的机械特性对比

导线型号	JLRX/T-185/28	LGJ-400/50
平均运行应力（%）	20	25
安全系数	3.5	2.5
最大使用张力（kN）	38571	41560
600m 档距 40℃弧垂（m）	18.6	24.277
600m 档距 120℃弧垂（m）	22.3	28.1

表 3-8　　　　　　　　　　　　　　　两种导线配套的绝缘子对比

导线型号	悬垂绝缘子	耐张绝缘子
	悬垂绝缘子承载力（kN）	
LGJ-400/50	160	160
JLRX/T-185/28	90	100

金具使用上，JLRX/T-185/28 碳纤维复合芯导线由于导线外径较小，使用的金具型号相应较小，而 LGJ-400/50 导线的金具型号则较大。

从表 3-8 可以看出，JLRX/T-185/28 碳纤维复合芯导线使用的绝缘子和金具均较小，成本较低。

3.4.2.4　杆塔比较

根据 LGJ-400/50 导线参数及气象区等设计条件，进行初步杆塔排位后，可得杆塔使用情况。在此基础上，考虑使用 JLRX/T-185/28 碳纤维复合芯导线，杆塔档距不发生变化，可得相应情况下的杆塔使用情况。两种导线的杆塔使用情况见表3-9。

表3-9 两种导线的杆塔使用情况

项目	原有工程	新建工程（新建技改）	更换导线（原塔换线）
平均档距（m）	200	200	200
导线种类（型号）	LGJ-185	LGJ-400/50	JLRX/T-185/28
呼称高（m）	13.5	20.5	13.5
杆塔高度（全高）（m）	18	23.5	18
杆塔数量	94	94	94
塔型种类	12	7	12

注 1. 原线路杆塔类型以以混凝土杆为主，混凝土杆使用率为93%。
2. 新建技改线路杆塔类型以国标角钢塔为主，角钢塔使用率为100%。

由表3-9可知，使用JLRX/T-185/28碳纤维复合芯导线可使杆塔的呼称高降低一档，塔重指标、杆塔本体造价等均会相应降低。

3.4.2.5 地线对比

根据相关设计规范要求，导地线需满足机械和电气两方面的要求。

（1）机械方面的要求：架空地线的安全系数宜大于导线；平均运行应力不得超过破坏应力的20%；导线和架空地线距离应满足配合公式的要求；日常工况下的地线垂度不应超过相导线垂度的90%。

（2）电气方面的要求：线路正常运行及事故时，地线应满足热稳定要求；满足系统安全运行方面的要求；满足工程对减小电磁干扰的要求；满足防雷的要求。

结合国家电网有限公司相关通用设计中对输电线路地线选型的要求，分别针对LGJ-400/50导线和JLRX/T-185/28碳纤维复合芯导线进行配合计算，选择对应的地线型号为铝包钢绞线GLJ-40和镀锌钢绞线GJ-35，其技术参数见表3-10。

表3-10 铝包钢绞线和镀锌钢绞线技术参数

项目	LGJ-400/50	JLRX/T-185/28
地线型号	GLJ-40	GJ-35
结构	7	7
直径（mm）	2.8	7.8
截面积（mm²）	43.11	37.17
单位质量（kg/km）	257	295.1
计算拉断力（N）	3230	3680
载流量（A）	—	80
20℃时直流电阻（Ω/km）	1.43	—

通过上述分析比较可知，在满足铁塔受力情况下，由于碳纤维复合材料芯导线质量较轻、拉重比大，在满足系统输送容量要求时（导线运行温度约 120℃），弧垂可满足现有铁塔高度要求，不用更换铁塔。

3.4.2.6　造价比较

在进行造价比较时，依据现有预算编制与计算标准进行估算。碳纤维复合芯导线与普通导线的架线方式均采用张力放、紧线，长度相同，因此，两种导线的架线安装工程费用相同。参照《电力建设工程预算定额（2006 年版）》，装置性材料费中，导线的施工损耗率都按 0.8% 计算，普通导线 LGJ-400 的价格为 1.8 万元/t，碳纤维复合芯导线的价格按 110 元/m计算；对于碳纤维复合芯导线的配套金具，只有悬垂线夹和耐张线夹更换为碳纤维复合芯导线的配套金具，其他金具不变。因此，普通导线附件工程单位造价为 1.5 万元/km，碳纤维复合材料芯导线附件工程的单位造价为 2.5 万元/km。JLRX/T-185/28 和 LGJ-400/50 两种导线的工程造价对比见表 3-11。

表 3-11　　　　　　　　　　　两种导线的工程造价对比

分项工程		导线型号	
		LGJ-400/50 推倒重建（换塔换线）	JLRX/T-185/28 不换塔换导线
土方工程（元）	直接工程费	616164	0
基础工程（元）	直接工程费	2875432	0
杆塔工程（元）	直接工程费	7804744	0
架线工程（元）	直接工程费	6482897	4622609
	安装工程费	608597	844230
	装置性材料费	5874300	459115
附件工程	直接工程费（万元）	107	46
	单位长度造价（万元/km）	4.82	2.07
合计（万元）		1782.4	592.0
单位路径长度造价（万元/km）		80.29	26.67
单位容量造价（万元/MW）		10.67	2.93

通过上述比较可知，JLRX/T-185/28 碳纤维导线的极限容量更大、造价更低，经济效益更显著。为保证碳纤维导线的可靠运行，提高效率余量，将碳纤维导线的截面积从 185mm² 增加到 200mm²，最终选定碳纤维复合芯导线 JLRX1/F2A-200/25-174 作为改造用导线。

3.4.2.7　碳纤维复合芯导线的基本载流特性

采用的 JLRX1/F2A-200/25-174 型碳纤维复合芯导线，外径 17.4mm，比原 LGJ-185 钢

芯铝绞线外径 19.02mm 还小，铝线绞制成梯型，增加了单位面积导电能力。碳纤维复合芯导线的铝面积为 200mm²，原 LGJ-185 导线的铝面积为 185mm²，载流铝截面积前者比后者多 8%，载流能力大大增加。

1. 环境条件 I （国内常用计算参数下） 载流量计算值

基准条件：风速 0.5m/s；日照强度 1000W/m²；导体表面吸收系数 0.9；导体辐射系数 0.9；环境温度 20～45℃；导体工作温度 70～150℃。

国内常用计算参数下 JLRX1/F2A-200/25-174 型碳纤维复合芯导线载流量见表 3-12。

表 3-12　国内常用计算参数下 JLRX1/F2A-200/25-174 型碳纤维复合芯导线载流量　（A）

导体温度 (℃)	环境温度（℃）						直流电阻 (Ω/km)	交流电阻 (Ω/km)	交直流电阻比
	20	25	30	35	40	45			
70	598	558	515	467	415	355	0.1522	0.1527	1.003
80	661	626	590	550	508	462	0.1574	0.1579	1.003
90	716	685	653	619	583	545	0.1627	0.1630	1.002
100	765	737	708	678	646	613	0.1679	0.1683	1.002
110	809	783	757	730	701	672	0.1732	0.1735	1.002
120	848	825	801	776	751	724	0.1784	0.1788	1.002
130	886	864	842	819	796	771	0.1837	0.1840	1.002
140	920	900	880	858	837	814	0.1889	0.1893	1.002
150	953	934	915	895	875	854	0.1941	0.1945	1.002
160	984	966	948	930	911	892	0.1994	0.1998	1.002
170	1014	997	980	963	945	927	0.2046	0.2050	1.002
180	1043	1027	1011	994	978	961	0.2099	0.2103	1.002
190	1070	1055	1040	1025	1009	993	0.2151	0.2155	1.002
200	1098	1084	1069	1055	1040	1025	0.2203	0.2206	1.001

2. 环境条件 II （IEC 标准推荐计算参数下） 载流量计算值

基准条件：风速 1.0m/s；日照强度 900W/m²；导体表面吸收系数 0.5；导体辐射系数 0.6；环境温度 20～45℃；导体工作温度 70～150℃。

表 3-13 为《架空导线　绞股导线计算方法》 （IEC 61597—1995）推荐计算参数下 JLRX1/F2A-200/25-174 型碳纤维复合芯导线载流量。

表 3-13　推荐计算参数下 JLRX1/F2A-200/25-174 型碳纤维复合芯导线载流量　（A）

导体温度 (℃)	环境温度（℃）						直流电阻 (Ω/km)	交流电阻 (Ω/km)	交直流电阻比
	20	25	30	35	40	45			
70	725	683	638	590	538	481	0.1522	0.1527	1.003
80	786	748	709	667	624	577	0.1574	0.1579	1.003

导体温度 （℃）	环境温度（℃）						直流电阻 （Ω/km）	交流电阻 （Ω/km）	交直流 电阻比
	20	25	30	35	40	45			
90	838	804	769	732	694	654	0.1627	0.1630	1.002
100	883	852	820	787	753	717	0.1679	0.1683	1.002
110	924	896	866	836	805	773	0.1732	0.1735	1.002
120	961	934	907	879	850	821	0.1784	0.1788	1.002
130	994	969	944	918	892	864	0.1837	0.1840	1.002
140	1025	1001	978	953	929	904	0.1889	0.1893	1.002
150	1053	1031	1009	986	963	940	0.1941	0.1945	1.002
160	1080	1059	1038	1016	995	972	0.1994	0.1998	1.002
170	1105	1085	1065	1045	1024	1003	0.2046	0.2050	1.002
180	1128	1109	1090	1071	1052	1032	0.2099	0.2103	1.002
190	1151	1133	1115	1096	1078	1059	0.2151	0.2155	1.002
200	1172	1155	1138	1121	1103	1085	0.2203	0.2206	1.001

碳纤维复合芯的共同特点是质量轻、线膨胀系数小，由其制作的导线与普通导线相比，在相同标称截面积时，碳纤维复合芯导线质量较轻或在相同质量时碳纤维复合芯导线标称截面积更大。因此，采用碳纤维复合芯导线可以提高输送容量，并可避免由于容量增加使得架空输电线路导线弧垂过大、对地距离不足的问题，提高输电线路的安全稳定性。

通过以 110kV 川西线为例，对改造线路和新建线路进行的对比计算可知，在改造线路中使用碳纤维复合芯导线倍容，技术可行，在降低造价时具有巨大优势。随着碳纤维复合芯导线价格的下降，在新建输电线路工程中，使用碳纤维复合芯导线在技术经济特性上也具有优势。

3.4.3　监测数据分析

3.4.3.1　110kV 川西 I 线改造前

（1）负荷情况。110kV 川西 I 线于 1989 年 12 月投入运行，线路全长 21.8km，共计杆塔 94 基，导线型号为 LGJ-185/30，地线型号为 GJ-35，改造前的典型负荷见表 3-14。2011 年 7 月 13 日 15 时 17 分，川西 I 线日最大负荷为 75.47MW，持续时间 143min。

表 3-14　　　　　　　　　　　110kV 川西 I 线改造前的典型负荷

序号	日期	环境温度 （℃）	风速 （m/s）	天气 情况	日最大负荷 （MW）	日最小负荷 （MW）	导线温度 （℃）	典型档距下导线 弧垂（m）
1	2010-11-07	15	3.2	阴	46.3	23.7	45.2	5.3
2	2010-12-16	8	2.8	晴	48	25	47	5

序号	日期	环境温度 (℃)	风速 (m/s)	天气 情况	日最大负荷 (MW)	日最小负荷 (MW)	导线温度 (℃)	典型档距下导线 弧垂 (m)
3	2011-4-07	26	2.2	多云	38.3	13.2	37.6	4.9
4	2011-4-16	28	2.1	晴	44.25	19.3	40.3	5.1
5	2011-4-28	29	1.7	晴	49.7	23.3	41.4	5.6
6	2011-7-13	34	0.6	晴	75.47	38.4	66	7.7
7	2011-7-28	38	1.2	晴	68	39	58.3	7.2

（2）线路传输容量的裕度分析。110kV 川西Ⅰ线导线型号为 LGJ-185/30，导线最高允许温度为 70℃，地区最高环境温度 40℃。校正后，长期载流量为 395A，允许输送容量为 75MW。根据运行数据分析可知，在 2011 年 7 月 13 日 15 时 17 分，线路所载负荷已达到设计容量极限值，已无裕度。

（3）导线温升的预估。2011 年 7 月 13 日，110kV 川西Ⅰ线全年日最大负荷为 75.47MW，最大负荷时电流值 396.12A，环境温度 34℃，风速 0.6m/s，天气晴，导线运行温度 66℃。

3.4.3.2 110kV 川西Ⅰ线改造后

（1）负荷情况。110kV 川西Ⅰ线改造后，导线型号为 JLRX/T-200/25。2013 年 11 月 23 日 18 时 22 分，川西Ⅰ线日最大负荷为 85.3MW，持续时间 161min，改造后的典型负荷见表 3-15。

表 3-15　　　　　　　　　110kV 川西Ⅰ线改造后的典型负荷

序号	日期	环境温度 (℃)	风速 (m/s)	天气 情况	日最大负荷 (MW)	日最小负荷 (MW)	导线温度 (℃)	典型档距下导线 弧垂 (m)
1	2013-11-16	11	3.1	阴	81.7	36	83.3	4.95
2	2013-11-23	13	2.2	多云	85.3	37.3	87.7	4.97
3	2013-12-18	7	1.6	晴	68	31.5	68	4.2
4	2014-2-19	14	3.4	阴	75	34	77.3	4.5
5	2014-2-23	10	1.5	晴	77	36	78	4.7
6	2014-3-03	14	2.2	多云	54.3	33.2	63.3	3.4
7	2014-3-17	19	2.1	晴	57	30.3	65	3.51

（2）线路传输容量的裕度分析。110kV 川西Ⅰ线改造后导线型号为 JLRX/T-200/25，导线最高允许温度为 140℃，地区最高环境温度 45℃。校正后，长期载流量为 787A，允许输送容量为 150WM。根据运行数据分析可知，在 2013 年 11 月 23 日 18 时 22 分，川西Ⅰ线

日最大负荷为 85.3MW，达到允许输送容量的 56.9%，线路仍有较大的输送容量裕度。

（3）导线温升的预估。2013 年 11 月 23 日，110kV 川西Ⅰ线日最大负荷为 85.3MW，最大负荷时电流值 447.8A，环境温度 13℃，风速 2.2m/s，天气多云，导线运行温度 87.7℃。

3.5　碳纤维复合芯导线运行特征

具有异型导线特征的碳纤维复合芯导线覆冰形状一般为新月形；导线的覆冰厚度与覆冰时间呈非线性增长关系。与常规导线不同，在覆冰的初期，异型导线的覆冰增长速度总体比普通导线要缓慢，经过一段时间后，两种相同直径导线的覆冰增长速度趋于一致。两种类型导线覆冰厚度的差异较小，并无显著的特征。

由于导线自身参数的差异，碳纤维复合芯导线的舞动特性与普通钢芯铝绞线有明显的区别。与普通钢芯铝绞线相比，在低风速时碳纤维复合芯导线舞动的动态张力较小，在高风速时碳纤维复合芯导线舞动的动态张力较大。由于高风速时碳纤维复合芯导线的舞动幅值和动态张力可能被低估，因此，应当重视在运碳纤维复合芯导线的防舞动工作，及时安装防舞装置，并校验舞动后动态张力对杆塔承载的影响。

舞动条件下，碳纤维复合芯导线会发生受损，如导线单丝断股、金具磨损等。对于安装碳纤维复合芯导线的运行线路，宜加强检修维护，特别应重视冬季舞动后导线线夹部位的检查，及时发现并排除故障。

110kV 川西Ⅰ线增容改造工程采用了碳纤维复合芯导线。该线路改造后，最大传输负荷和运行最高温度已经超过原线路，经过 3 年运行实践证明，碳纤维导线安全、可靠。

第 4 章
碳纤维光电复合芯导线与在线监测系统

虽然碳纤维复合芯导线具有抗拉强度高、蠕变性小、载流量大、线膨胀系数小、弧垂小、耐高温、质量轻等特点，但由于碳纤维复合芯导线的载流量大（比普通导线提高 1 倍左右）、运行温度高（经济运行温度 120℃），势必会造成碳纤维复合芯导线的本体各个连接处温升过高，使输电线路在运行中存在安全隐患。碳纤维复合芯和光纤集成的智能型导线——碳纤维光电复合芯导线为实现导线本体温度的实时监测提供了基础条件。

美国 Exelon 公司和 Southwire 公司进行了一项为期 2 年的新型智能输电导线自测温技术现场试验，主要采用将光纤导线敷设在电力导线的表面来进行分布式测温，电力导线长度在光纤熔接点进行距离区间标定，以获取有效精准的距离和电力导线表面的温升趋势的变化；只能监测到电力导线的表面温升的变化而不能监测到导线内部的温升变化，不能直接监测到电力导线内部运行趋势的变化和温升过高时的安全隐患。

研究开发的核心技术是将耐高温通信光纤植入碳纤维导线内层，利用通信技术，进行实时动态温升监测。这种碳纤维光电复合导线具有精确掌握导线温度变化曲线和信息交换功能，从而增大输电线路的容量，提高输电线路运行的可靠性。国网河南省电力公司周口供电公司、河南科信电缆有限公司联合无锡亚天光电科技有限公司在碳纤维导线开发及推广应用的基础上，广泛收集国内外现有的研究资料，经总结分析和多方考察调研，探索开发出一种既能输送电能，又兼顾信号传输、导线温度的在线监测、信息交流等功能的新型导线，即碳纤维光电复合芯导线。

4.1　碳纤维光电复合芯导线

4.1.1　碳纤维光电复合芯导线的结构

4.1.1.1　光纤植入方式

碳纤维光电复合导线是将碳纤维复合芯导线内层的一根铝线替换为光纤单元，实现在传输电能的同时，有效传输通信信号。

光纤单元植入导线的方式可分为外层、内层和中心层。把光纤单元敷设在导线外层时，易受外力破坏，而且监测不到导线内部温升的变化；把光纤单元植入导线内层时，可以有效避免外力破坏或异物触碰而引起导线外层铝股烧伤断股，甚至伤及导线的光纤单元；如果采用植入导线中心层（芯棒内部）的方式，当导线运行温度变化和环境温度变化时，会引起导线弧垂变化，导线线长也随之变化，造成导线光纤单元内部耐高温光纤因受拉力过大而断线，甚至使整个测温系统不能正常实时监测导线温升的变化。同时，光纤单元植入导线方式的不同所监测到的导线温升变化也有一定的误差，所以在判断导线高温条件下导线内部运行状态时也会存在偏差，不能正确提前判断导线运行缺陷。分析比较三种植入方式的优缺点，最大限度地避免导线输送电流对光纤单元造成的影响，经反复试验得知，将光纤单元植入碳纤维导线内层较为理想，这样可有效避免在运行中因导线受到外物接触放电伤及光纤单元。

4.1.1.2 光纤单元的生产工序

在光纤单元的生产过程中，采用了国内先进的不锈钢管无缝焊接技术，保证了不锈钢管焊缝质量，防止光纤和油膏外漏。生产前，仔细检查每盘光纤的着色质量，调整光纤放线架的张力，使每盘光纤受到的张力均匀一致，保证光纤余长稳定性，同时在光纤和空心钢套之间采用防干扰材料填充物对光纤进行固定。碳纤维芯棒的生产，严格按照《架空导线用纤维增强树脂基复合材料芯棒》（GB/T 29324—2012），保证碳纤维复合芯棒的抗拉强度不小于2100MPa，线膨胀系数为 $1.6 \times 10^{-6} \sim 1.8 \times 10^{-6}(1/℃)$，55 倍直径的卷绕 1 圈不开裂、不起皮；170 倍直径的长度扭转 360°不断裂。

4.1.1.3 碳纤维光电复合芯导线的绞制

碳纤维光电复合导线的绞制在 630/6＋12＋18 摇篮型绞线机上进行。绞线前，绞线工仔细检查每盘单线的外观质量，配以专用的并线模具，并按照工艺规定的要求上盘和调整绞笼转速、牵引线速度，调整预扭角度和张力，使每根单线都受到均匀一致的张力。绞后的导线接触紧密密实，表面光洁、紧凑、均匀，没有任何松股或表面损伤等现象，绞线每层的节径比符合相关工艺和技术标准规定的要求。

4.1.2 耐高温光纤单元的研制

碳纤维光电复合芯导线是将光纤单元植入碳纤维导线内层。光纤复合单元是将数据光纤放置于特制的不锈钢管中，光纤和空心钢套之间采用防干扰材料填充物对光纤进行固定，组成不锈钢管的光纤单元。

4.1.2.1 耐高温光纤及生产材料的选择

耐高温光纤单元的结构由光纤、保护层和填充物组成，其原材料的选择应考虑导线运行过程中所产生的持续高温以及导线的直径、质量、截面积、机械和电气特性、直流电阻、综合造价成本等影响因素。

1. 保护层原材料的选择

耐高温光纤单元保护层原材料的性能指标见表 4-1。

表 4-1　　　　　　　　　耐高温光纤单元保护层原材料性能指标

指标	材料		
	不锈钢	铜	铝
机械强度	☆	□	△
质量	△	△	☆
直流电阻	△	☆	□
蠕变特性	☆	□	△
制造工艺	☆	△	△
耐热性能	☆	□	△
电腐蚀	☆	☆	□
综合成本	□	△	☆

注　☆—优秀；□—较好；△——一般。

由表 4-1 可以看出，不锈钢材料在综合性能指标比对中表现尤为突出，故选择不锈钢材料作为耐高温光纤单元保护层。

2. 填充物原材料的选择

耐高温光纤单元填充物应具有良好的温度特性和触变稳定性，因此选取填充物应考虑以下特性：

（1）黏度。液体流动时，在其分子间产生内摩擦的性质，称为液体的黏性。黏性的大小用黏度表示，用来表征液体性质相关的阻力因子。为了防止不锈钢带中的光纤受到磨损，应选取黏度高的油膏。

（2）滴点。滴点是指在规定条件下达到一定流动性时的最低温度（单位为℃）。滴点是在标准条件下润滑脂从半固体变成液体状态的温度，为保证油膏对光纤固定缓冲作用，油膏滴点应高于导线运行温度（120℃）。

（3）触变性。触变性是指油膏在受到外部能量作用时，黏度下降会发生软化呈现流动性，而在外部能量作用停止后黏度逐渐上升，应选用具有良好触变性的油膏。

（4）凝固点。凝固点是晶体物质凝固时的温度，不同晶体具有不同的凝固点。在一定压强下，任何晶体的凝固点与其熔点相同。

（5）闪点。闪点是在规定的试验条件下，液体表面上能发生闪燃的最低温度，应选取闪点高的油膏。

耐高温光纤单元填充物原材料的性能指标见表4-2。

表 4-2　　　　　　　　　　　　耐高温光纤单元填充物原材料性能指标

性能材料	黏度	滴点	触变性	凝固点	闪点
普通油膏	高	低	高	高	高
耐高温油膏	高	高	高	高	高

由表4-2可以明显看出，耐高温油膏在很多性能指标上均表现突出，因此选择耐高温油膏作为光纤单元填充物原材料。

3. 光纤原材料的选择

按照光在光纤中的传输模式，可将光纤分为单模光纤和多模光纤。

（1）单模光纤。单模光纤的中心玻璃芯很细（芯径一般为 $9\mu m$ 或 $10\mu m$），只能传一种模式的光。因此，其模间色散很小，适用于远程通信；但还存在着材料色散和波导色散，这样单模光纤对光源的谱宽和稳定性有较高的要求，即谱宽越窄，稳定性越好。

（2）多模光纤。多模光纤的纤芯直径为 $50\mu m \sim 62.5\mu m$，包层外直径 $125\mu m$，单模光纤的纤芯直径为 $8.3\mu m$，包层外直径 $125\mu m$。光纤的工作波长有短波长 $0.85\mu m$、长波长 $1.31\mu m$ 和 $1.55\mu m$。光纤损耗一般是随波长加长而减小，$0.85\mu m$ 的损耗为 $2.5dB/km$，$1.31\mu m$ 的损耗为 $0.35dB/km$，$1.55\mu m$ 的损耗为 $0.20dB/km$，这是光纤的最低损耗，波长 $1.65\mu m$ 以上的损耗趋向加大。

由于多模光纤模间色散较大，限制了传输数字信号的频率，而且随距离的增加会更加严重；因此，多模光纤传输的距离比较近，一般只有几千米。因此，选用单模光纤作为光纤原材料。

4.1.2.2　耐高温光纤单元的结构设计

耐高温光纤单元的结构如图4-1所示。

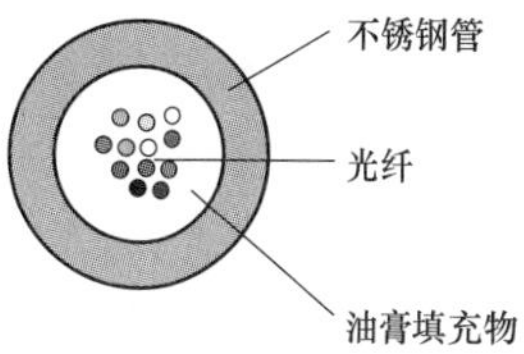

光纤单元的结构有三个特点：

（1）光纤防水性能弱，长期进水会导致原材料玻璃劣化发

图 4-1　耐高温光纤
单元结构示意图

脆，有时会断裂。

（2）光纤因析氢衰减会上升。析氢是在易腐蚀及正常的敷设环境中因不锈钢管可能存在的焊接缺陷引起的。

（3）光纤易受外力影响，特别是侧压微弯会导致衰减上升。

为保证不锈钢管内光纤产生必要的均匀余长，光纤单元的工序控制非常困难。若管内光纤余长过小，光纤在不锈钢管中可能处于被绷拉的状态，时间长就有可能断裂；但光纤余长过长，管内光纤会因弯曲导致传输损耗的增加。因此，在光纤单元生产时，必须对光纤余长进行严格控制。

1. 不锈钢管光纤单元生产线的组成

不锈钢管光纤单元生产线主要由钢带拼接机和焊接生产线两大部分组成。钢带拼接采用激光焊接机，焊接生产线是核心主要设备，采用固体激光器焊接，主要由钢带放带装置、光纤放线装置、油膏填充装置、光纤和油膏导入装置、固体激光发生器、激光焊接机、焊缝涡流检测装置、打标装置、光纤余长控制装置和收卷装置组成。光纤单元生产线如图 4-2 所示。

图 4-2　光纤单元生产线

2. 不锈钢管光纤单元生产线的主要特点

（1）光纤全部为主动放线，光纤张力在 30～150g 范围内可精确调控，并保持光纤张力恒定。

（2）固体激光器可将不锈钢带接续起来，经拉伸试验表明，接续处的强度与母体相同。

（3）用于钢带纵向焊接的是固体激光器，配以精密的金属管纵包成型技术，将不锈钢带焊接成不锈钢管。

3. 光纤单元相关技术

（1）薄壁焊接技术。通过对光路进行精确的设计和控制，将激光束聚焦成极小的外径，获得最大的反射强度，温度恒定进行有效焊接。

（2）光纤和油膏导入技术。光纤和油膏通过特殊的填充喷嘴与不锈钢带一起导入成型装置，导管长度超越焊点位置，在惰性气体保护下焊接，焊接的激光束对管内光纤无影响。

（3）光纤余长控制和焊接检验复合技术。经焊接后的钢管必须经过两次在材料弹性应变范围内的缩径拉拔，通过应力释放获得光纤余长；根据设计要求，可方便地进行工艺参数调整，精确控制所需的余长。经过拉拔后的钢管，还必须通过涡流裂缝探伤检测仪进行焊接质量探测。

（4）收线精密控制技术。由于含光纤的不锈钢管上盘具的要求很高，不合适的收线张力将破坏光纤余长，如有交叉叠线将对钢管造成破坏。采用收线张力可控、恒定技术，可使之排列整齐，确保光纤单元的收线安全规范。

4.1.2.3　耐高温光纤单元制造工艺

激光焊接不锈钢管光纤单元生产工艺及其生产线，涉及一种适用于光纤复合架空线用不锈钢管光纤单元的生产线及其生产工艺方法。其生产线包括大长度光纤放线架、充油部分、钢带放带部分、钢带纵包成型与焊接部分、钢管拉拔在线焊缝检测部分、牵引及余长控制装置、收线装置等，其生产工艺流程如图 4-3 所示。

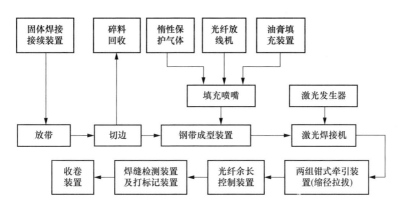

图 4-3　不锈钢管光纤单元生产工艺流程图

（1）光纤放线：将若干根光纤以一定的张力从光纤放线架上引出，进入不锈钢管。

（2）填充油膏：使光纤通过时摩擦力降低到最小状态。

（3）不锈钢带放带：将不锈钢带导引到纵包焊接台。

（4）不锈钢带纵包焊接：对钢带进行二次分切，分切后的钢带经过纵包成型模具形成不锈钢管。

（5）将含有光纤的焊接好的不锈钢管通过拉拔、整形成为符合工艺要求的不锈钢管。

（6）牵引及余长控制。

（7）收线：将光纤单元收绕在收线盘上。

光纤着色、不锈钢带切边定型、油膏填充设备、激光焊接及检测分别如图4-4～图4-7所示。

图4-4　光纤着色　　　　　　　　　　图4-5　不锈钢带切边定型

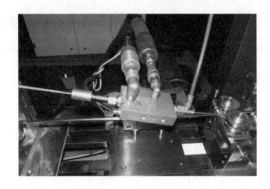

图4-6　油膏填充设备　　　　　　　　图4-7　激光焊接及检测

4.1.2.4　不锈钢管的性能

导线中的光纤单元由不锈钢带材料内置光纤焊接而成。不锈钢是在空气中或化学腐蚀介质中能够抵抗腐蚀的一种高合金钢。从金相学角度分析，因为不锈钢含有铬而使表面形成很薄的铬膜，这个膜隔离钢内侵入的氧气而起耐腐蚀的作用。这类钢的缺点是对晶间腐蚀及应力腐蚀比较敏感，需通过适当的合金添加剂及工艺措施消除。此类钢中的含碳量若低于0.03％或含Ti、Ni，可显著提高其耐晶间腐蚀性能，导线中的不锈钢光纤单元所用的材料最好选用这种不锈钢。较低的碳含量使得在靠近焊缝的热影响区中所析出的碳化物减至最少，而碳化物的析出可能导致不锈钢在某些环境中产生晶间腐蚀（焊接侵蚀）。不锈钢当中含有的另一种元素镍是优良的耐腐蚀材料，也是合金钢的重要合金化元素。镍作为合金元素在不锈钢中的作用是使高铬钢的组织发生变化，从而使不锈钢的耐腐蚀性能及工艺性能获得某些改善。

影响不锈钢管质量的另一个因素是焊接工艺。不锈钢管由不锈钢板条采用激光焊接后再经冷拔加工制成。激光焊接是利用高能量密度的激光束作为热源的一种高效精密焊接方法，具有能量密度高、可聚焦、深穿透、高效率、高精度等优点。但如果焊接工艺不稳定，容易造成焊缝区宽窄不匀、深浅不一。由于不锈钢光纤单元在焊接后还要进行冷拔，按 10mm 宽薄带焊成不小于 $\phi3.18$ 的管，再经冷拔成 $\phi2.5$ 的管（减径不减壁），其变形量达 21%，最后还要经过拉扭成绞线状，在整个制造过程中具有较大的拉应力和扭转应力。由于冷加工会使材料的强度提高而塑性降低，激光焊接热量集中，凝固过程快，有很高的冷却速度，使焊缝区产生细化的等轴晶（焊缝区略有不大于 0.2mm 的凸起），因此与母材相比焊缝的冷加工硬化现象更为明显。试验表明，经冷加工后，管材的抗拉强度达到 1070MPa，延伸率为 10%，此时对应的显微硬度为 327HV（平均）；而焊缝区的显微硬度为 400HV（平均），根据不锈钢硬度与抗拉强度经验公式计算，其对应的抗拉强度高达 1340MPa，延伸率约 5%。因此在光缆的制造过程中，一方面，由于焊接工艺不稳定带来局部缺陷；另一方面，由于焊缝区成铸态组织，韧性较差，在拉拔扭转应力的作用下焊缝缺陷处容易产生应力集中，造成不锈钢管在焊缝区破裂。通过上述分析可以看出，不锈钢管焊接工艺对焊缝质量乃至钢管性能的影响以及导线不锈钢光纤单元选材的重要性。另外，由于导线暴露在大气中，特别是在沿海地区，其所受环境条件非常复杂且多变；因此在不锈钢管外涂敷缆膏，在不锈钢管内注入油膏，都会在导线的耐腐蚀性能方面提供保证和补救。

4.1.2.5　光纤油膏的性能

为保证光纤单元的纵向密封，防止因水及潮气侵入光缆内部或接续盒内腐蚀金属和光纤，导致氢损、断纤和电绝缘性能急剧下降等情况的发生，目前普遍采用的方法是向光纤单元内部填充光纤油膏。光纤单元中的油膏主要功能是为了纵向阻水，当有水进入接续盒时，它能有效地阻止水在光纤单元中纵向流动，防止空气中的潮气侵蚀光纤而使光纤老化变脆。同时对光纤起衬垫作用，缓冲光纤受振动或冲击的影响。当有外力作用在光缆表面时，由于金属组件的变形，作用力很容易传递给光纤，这时油膏可以有效地吸收能量，分散作用面。但从过去不锈钢管光纤单元的制造方法来看，为防止激光的影响而使用保护光纤用的油膏以及多次拉拔工序，油膏填充率只有约 70%。如果光纤单元中的油膏填充不足或不均匀，必将危害光纤的传输性能及使用寿命，给线路的正常运行埋下隐患。

油膏的触变性能对光纤单元是否有较高的填充率有重要的影响。触变性是指油膏在较小剪切应力作用下，流动性增大、黏度降低，停止搅动后，流动性逐渐减小，黏度增大，恢复原状的性能。光纤油膏在机械泵的剪切作用下，黏度迅速下降，变成流体，被泵入挤塑机机头，注入光纤松套管中。对于光纤松套管来说，填充于其中的油膏越充分，包覆光纤越完全，则越有利于防止空气中的潮气侵蚀光纤。因此光纤油膏如果触变性越好，则在光纤单元生产中，油膏越容易被齿轮泵泵入挤塑机机头，使得填充工艺均匀稳定，更有利于充分填充。触变性对光纤也具有缓冲保护作用，光纤在松套管中应不受任何应力和应变。当松套管成形后，作用在油膏上的外力消失，油膏逐渐回复到黏稠状态，不流动，在光纤周围形成稳定的缓冲层。光缆在生产、运输和敷设过程中可能会受到弯曲、振动、冲击、拉伸等外力作用，这时如果填充在松套管中的油膏的触变性好，油膏在受到外力时，黏度能迅速下降，膏体软化，缓冲应力，对光纤起到保护作用，同时有利于避免因外力而导致光纤在平衡位置附近移动，光纤因受到僵硬的反作用力而造成的微弯损耗。

4.1.2.6 耐高温光纤单元性能测试

光纤检测主要参考《通信用单模光纤 第3部分：波长段扩展的非色散位移单模光纤特性》（GB/T 9771.3—2020）。

1. 光纤的几何特性

光纤的几何特性见表4-3。

表 4-3 光纤的几何特性

序号	检验项目	单位	标准与要求	检验结果	结论
1	模场直径 MFD（1310nm）	μm	(8.6～9.5) ±0.6	8.86	合格
2	包层直径	μm	125±1	125.13	合格
3	芯同心度误差	μm	≤0.6	0.17	合格
4	包层不圆度	%	≤1.0	0.34	合格
5	涂覆层直径（未着色）	μm	245±10	243.70	合格
6	包层/涂覆层同心度误差	μm	≤12.5	2.76	合格

2. 光纤的光学和传输特性

光纤的光学和传输特性见表4-4。

表 4-4 光纤的光学和传输特性

序号	检验项目	单位	标准与要求	检验结果	结论
1	截止波长 λ_{cc}	nm	λ_{cc}≤1260	1197.6	合格
2	宏弯损耗	dB	以 30mm 半径松绕 100 圈，1625nm 波长≤0.1	0.012	合格

序号	检验项目	单位	标准与要求		检验结果	结论
3	衰减系数	dB/km	1310nm 波长≤0.35（Ⅰ级）		0.325	合格
			1550nm 波长≤0.21（Ⅰ级）		0.184	
			1625nm 波长≤0.24（Ⅰ级）		0.197	
4	衰减点不连续性	dB	1310nm 波长≤0.1		0.008	合格
			1550nm 波长≤0.1		0.005	
5	1285nm～1330nm 波长附加衰减	dB/km	≤0.04		0.02	合格
6	1525nm～1575nm 波长附加衰减	dB/km	≤0.03		0.01	合格
7	零色散波长 λ_0	nm	$1300 \leq \lambda_0 \leq 1324$		1313.8	合格
8	零色散斜率最大值 S_0	ps/(nm² · km)	≤0.092		0.085	合格
9	1550nm 色散系数	ps/(nm · km)	≤18		16.37	合格

3. 光纤的环境性能检验

光纤的环境性能见表 4-5。

表 4-5　　　　　　　　　　　　　光纤的环境性能

检验项目	单位	标准与要求	检验结果	结论
氢气老化试验	dB/km	氢老化试验后，在波长（1383±3）nm 的衰减平均值应不大于波长在 1310～1625nm 范围内衰减系数最大值	氢老化试验后，波长在 1310～1625nm 范围内衰减系数最大值为 0.326	合格
			氢老化试验后，在波长（1383±3）nm 的衰减值为 0.298	

4.1.3　碳纤维光电复合芯导线的研制

4.1.3.1　碳纤维芯棒的研制

1. 材料的筛选及工艺验证

（1）碳纤维丝的筛选及工艺验证。在生产碳纤维复合芯导线的基础上，总结碳纤维生产材料性能，选定 TR50S-12L 碳纤维丝作为碳纤维复合芯棒的主要原料，如图 4-8 所示，其性能参数见表 4-6。

图 4-8　碳纤维丝

表 4-6　　　　　　　　　TR50S-12L 碳纤维丝性能参数

项目	单位	参数
线密度	TEX	800
拉伸强度	MPa	≥4800

项目	单位	参数
拉伸模量	GPa	≥260
丝束规格	K	12

（2）玻璃纤维丝的筛选及工艺验证。玻璃纤维丝主要起到增加复合芯韧性的作用，如图 4-9 所示。目前国内外生产玻璃纤维的厂家很多，但使用最多的品牌是美国 OCV 公司与中国巨石公司，二者的市场占有率最高。

图 4-9　玻璃纤维丝

生产玻璃纤维用的玻璃不同于其他玻璃制品的玻璃。国际上已经商品化的生产玻璃纤维用的玻璃成分如下。

E 玻璃：也称无碱玻璃，是一种硼硅酸盐玻璃，是目前应用最广泛的一种玻璃纤维用玻璃成分，具有良好的电气绝缘性及机械性能，广泛用于生产电绝缘用玻璃纤维，也大量用于生产玻璃钢用玻璃纤维。其缺点是易被无机酸侵蚀，故不适合用在酸性环境。

C 玻璃：也称中碱玻璃，其特点是耐化学性特别是耐酸性优于无碱玻璃，但电气性能差，机械强度低于无碱玻璃纤维 10%～20%。

A 玻璃：也称高碱玻璃，是一种典型的钠硅酸盐玻璃，因耐水性很差，很少用于生产玻璃纤维。

综上所述，选用中国巨石公司生产的 EDR17-1200-386 玻璃纤维丝，其性能参数见表 4-7。

表 4-7　　　　　　　　　　　EDR17-1200-386 玻璃纤维丝性能参数

项目	单位	参数
线密度	TEX	1100 或 1200
拉伸强度	MPa	≥1800
拉伸模量	GPa	≥70
纤维规格	μm	17
含水率	%	≤0.1

（3）拉挤用环氧树脂的筛选及工艺验证。国内外生产拉挤用热固型环氧树脂的厂家较多，从经济性和工艺性考虑，选定美国亨斯迈公司生产的 CY/HY5198 高温树脂体系，参数

为：玻璃化温度大于 190℃，25℃时混合黏度为 500～1000MPa·s，混合密度为 1.15～1.18g/cm³，160℃凝胶时间为 40～60s。

2. 拉挤生产工艺的确定

（1）产品结构及经济性分析。最初采用的生产工艺是全碳纤维丝结构，外面纵包两根玻璃纤维带，价格分别为碳纤维丝 120 元/kg，玻璃纤维带为 400 元/km，树脂为 279 元/kg，以 5.5mm 为例，每千米的成本见表 4-8。

表 4-8 碳丝、玻璃纤维带和树脂的成本（5.5mm）

材料名称	用量	金额（元）
碳丝	22.4kg	2688
玻璃纤维带	2 根	800
树脂	10.8kg	2160
合计	—	5648

经过检测，该结构的纤维增强树脂基复合芯卷绕性能较差，不能满足 55D 筒径卷绕不开裂的标准要求，卷绕性能基本稳定在 70D 的水平。

为了改善纤维增强树脂基复合芯的卷绕性能，同时保持复合芯良好的脱模效果，紧接着又研发了碳丝、玻纤丝、玻纤带三层结构的复合芯产品。其中玻璃纤维丝的价格为 6.3 元/kg，以 5.5mm 为例，每千米的成本见表 4-9。

表 4-9 碳丝、玻璃纤维丝、玻璃纤丝带和树脂的成本（5.5mm）

材料名称	用量	金额（元）
碳丝	16kg	1920
玻璃纤维丝	14.4kg	90.7
玻璃纤维带	2 根	800
树脂	6.35kg	1270
合计	—	4080.7

通过测试，该结构的纤维增强树脂基复合芯卷绕性能有所改善，基本能满足 55D 筒径卷绕不开裂的标准要求，但离散性较大，卷绕性能大致稳定在 60D 的水平，成本较全碳丝结构的复合芯降低了 27.7%。

为了最大程度的改善复合芯的卷绕性能并保留其强度，又进一步研发了碳纤维丝与玻璃纤维丝复合结构的纤维增强树脂基复合芯，以 5.5mm 为例，每千米的成本见表 4-10。

表 4-10　　　　　　　碳丝、玻璃纤维丝和树脂的成本（5.5mm）

材料名称	用量（kg）	金额（元）
碳丝	16	1920
玻璃纤维丝	21.6	136.1
树脂	8.72	1744
合计	—	3800.1

该结构的纤维增强树脂基复合芯各项性能满足标准规定的各项指标要求，且成本较三层结构的复合芯降低 6.87%。

通过两年的复合芯产品的生产试制与经验摸索，从经济性、工艺性的角度对复合芯产品的结构及工艺参数进行合理充分的论证，最终确定了以碳纤维丝为中心层、外层纵包玻璃纤维丝的产品结构。

（2）生产工艺确定。纤维增强树脂基复合芯因采用拉挤环氧热固性树脂进行固化成型，树脂的固化速度直接决定了复合芯的生产速度，经过长时间的试制摸索，现已将生产速度稳定在 600mm/min（芯棒直径小于 7.5mm）的水平，并针对特定的树脂制订了每种规格的复合芯的配比及生产速度。

3. 芯棒结构

所用材料有碳纤维丝、玻璃纤维丝、高温热固型环氧树脂，为保证试制的成功，经过多家对比，深入原材料生产厂家进行调研，并按合同类厂家的试制意见，结合试制的实际情况，最终选定日本三菱株式会社作为碳纤维丝的合格供应商，中国巨石集团作为玻璃纤维丝的合格供应商，美国亨斯迈公司作为高温热固型环氧树脂的合作供应商。

复合芯的结构初定为三种，见表 4-11。

表 4-11　　　　　　　复合芯结构的三种方式

序号	成型模具尺寸 D_1（mm）	玻璃纤维丝根数 N_2（根）	预成型模具尺寸 D_2（mm）	碳纤维丝根数 N_1（根）
1	5.5	24	3.5	15
2	5.5	18	4.0	20
3	5.5	12	4.5	25

碳纤维丝根数 N_1 的计算方法：

$$D_2 \times D_2 \times 0.7854 \times 80\% = N_1 \times \rho_L \div \rho_V \qquad (4-1)$$

式中　ρ_L——碳纤维丝的线密度，$\rho_L = 0.8$g/m；

ρ_V——碳纤维丝的体密度，$\rho_V = 1.6 \text{g/cm}^3$。

玻璃纤维丝根数 N_2 的计算方法：

$$(D_1 \times D_1 \times 0.7854 - D_2 \times D_2 \times 0.7854) \times 80\% = N_2 \times \rho_L \div \rho_V \qquad (4\text{-}2)$$

式中 ρ_L——玻璃纤维丝的线密度，$\rho_L = 1.2 \text{g/m}$；

ρ_V——玻璃纤维丝的体密度，$\rho_V = 2.54 \text{g/cm}^3$。

理论强度的计算式为：

$$[D_2 \times D_2 \times 0.7854 \times \sigma_1 + (D_1 \times D_1 \times 0.7854 - D_2 \times D_2 \times 0.7854) \times \sigma_2] \div$$
$$(D_1 \times D_1 \times 0.7854) \qquad (4\text{-}3)$$

式中 σ_1——碳纤维丝浸胶后的理论抗拉强度，$\sigma_1 = 5099 \text{MPa}$；

σ_2——玻璃纤维丝浸胶后的理论抗拉强度，$\sigma_2 = 2000 \text{MPa}$。

复合芯结构三种配比方式的参数对比见表4-12。

表 4-12 复合芯结构三种配比方式参数对比

序号	成型模具尺寸 D_1（mm）	预成型模具尺寸 D_2（mm）	理论强度（MPa）	固化后强度（MPa）（损失系数0.3）
1	5.5	3.5	3255	2278
2	5.5	4.0	3639	2547
3	5.5	4.5	4075	2852

由表 4-12 中理论强度的计算结果可知，若要满足强度不小于 2100MPa 的要求，则至少应采用第一种配比方式，但第一种配比方式理论计算强度超标准强度后的裕度不大，而第三种配比方式成本偏高，为了安全起见，将模具搭配选为第二种，即成型模具 5.5mm，预成型模具尺寸 4.0mm。此种情况下，碳纤维丝理论根数为 20 根，玻璃纤维丝理论根数为 18 根。

4. 成型工艺的研制

（1）材料准备。所用 TR50S-12L 碳纤维丝强度可达 5099MPa，弹性模量达到 236GPa，线密度为 800TEX；所用玻璃纤维无捻粗纱 EDR17-1200-386，纤维直径、线密度满足《增强材料 纱线试验方法》（GB/T 7690—2013）标准要求，含水率、可燃物含量满足《增强制品试验方法》（GB/T 9914—2013）标准要求，拉伸强度、拉伸弹性模量及拉伸断裂伸长率满足《玻璃纤维无捻粗纱 浸胶纱试样的制作和拉伸强度的测定》（GB/T 20310—2006）要求；所用树脂 CY/HY5198 玻璃化温度大于 190℃，25℃时混合黏度为 500~1000MPa·s，混合密度为 1.15～1.18g/cm³，160℃凝胶时间为 40～60s。

（2）工装模具准备。

1）模具要求：材料选用 40CrMo，孔径为 5.52mm，长度为 900mm，模腔表面镀铬，镀层厚度一般为 0.05mm，模腔表面粗糙度小于 0.1，直线度小于 0.1mm。

2）导纱板的要求：根据纤维分布及走纱顺序，制备相应孔数的导纱板，导纱板可按要求调整固定，以确保纤维顺直进入模腔，为保证纤维的圆形分布，要求分层喂入，逐层合并。

3）设备的要求：模具三区加热，履带牵引，具有在线后固化炉、在线直径检测、报警控制（温控、气压、拉力、测径）、带自动排线器的收卷机构。

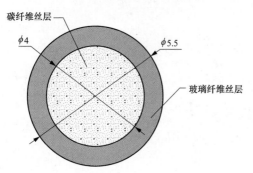

图 4-10　试制复合芯产品结构示意图

试制复合芯产品的结构如图 4-10 所示。

5. 试制生产

（1）生产工艺流程。碳纤维复合芯生产工艺流程如图 4-11 所示，其中树脂浸渍和固化成型为关键控制工序。

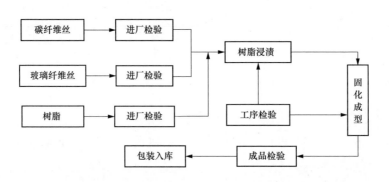

图 4-11　碳纤维复合芯生产工艺流程图

（2）成型温度。根据树脂厂家提供的数据，160℃凝胶时间为 40～60s，模具长度为 900mm，所以模具三区的温度设定为 170、190、200℃，后固化炉的温度设定为 200℃。

拉挤速度：若拉挤速度过快，树脂固化点前移，树脂体系未能完全固化，尺寸稳定性难以保证，长期运行时在模腔内会有树脂残留，造成杆体表面擦毛，严重时会造成堵模；若拉挤速度过慢，树脂固化点后移，树脂体系固化完成，离模具出口距离加大，增加了拉挤力，长期运行时表面易拉毛。拉挤速度与模具温度和长度是有关联的，不是简单地通过升温再提速即可以完成的。

环氧树脂的拉挤速度较慢，一般控制在 0.6m/min 以下，为安全起见，拉挤速度设定在 0.4m/min。

6. 产品性能参数及测试结果

（1）产品性能测试结果。产品性能参数见表 4-13。

表 4-13　　　　　　　　　　产品性能参数

检测项目	单位	技术指标	实测值
抗拉强度	MPa	$\geqslant$2100	2174
密度	g/cm^3	$\leqslant$2.0	1.92
玻璃化转变温度 T_g	℃	$\geqslant$190	197.5
卷绕试验	—	不断裂	不断裂
扭转试验	—	不断裂	不断裂
径向耐压	kN	$\geqslant$30	满足

（2）JLOP/F1B-200/25-4B1 复合芯棒技术参数，见表 4-14。

表 4-14　　　　　　　　JLOP/F1B-200/25-4B1 复合芯棒技术参数

项目		单位	标准要求
外观及表面质量		—	纤维增强树脂基复合材料芯棒表面应圆整、光洁、平滑、色泽一致，不得有与良好的工业产品不相称的任何缺陷（如凹凸、竹节、银纹、裂纹、夹杂、树脂积瘤、孔洞、纤维裸露、划伤及磨损等）
直径		mm	5.5
直径允许偏差	正	mm	0.03
	负	mm	0.03
f 值		mm	0.03
抗拉强度		MPa	$\geqslant$2100
弹性模量		GPa	$\geqslant$110
线膨胀系数		1/℃	$\leqslant$2.0×10^{-6}
密度		g/cm^2	$\leqslant$2.0
卷绕（55d，1 圈）		—	不开裂、不断裂
扭转（170d，360°）		—	表层不开裂、抗拉强度$\geqslant$2100MPa
径向耐压（100mm，30kN）		—	端部不开裂、不脱皮
玻璃化转变温度 T_g（DMA 法）		℃	$\geqslant$190
高温抗拉强度（120℃，401h）		MPa	强度不小于 95%RTS
紫外光老化性能（1008h）		—	表面不发黏、无纤维裸露、裂纹和龟裂现象
盐雾实验（240h）		—	表面不应出现腐蚀产物和缺陷

（3）芯棒与传统钢芯的性能比较。纤维增强树脂基复合芯棒与传统钢芯的性能对比见表 4-15。

表 4-15　　　　　　　　　　纤维增强树脂基复合芯棒与传统钢芯的性能对比

名称	型号规格	密度（g/cm³）	拉断力（kN）	线膨胀系数（1/℃）	耐腐蚀性
纤维增强树脂基复合芯	F1B-5.0	2.0	41.2	1.6×10^{-6}	强
架空导线用镀锌钢绞线	G1A-7×1.85	7.8	24.6	15.7×10^{-6}	弱

由表 4-15 可知，纤维增强树脂基复合材料芯棒与架空导线用镀锌钢绞线相比，具有如下优点：

（1）质量轻，密度为 2.0g/cm³，约为钢的 1/4。

（2）强度高，最高可达 2800MPa 以上，约是钢芯的 2 倍。

（3）线膨胀系数小。

（4）耐高温。

（5）耐腐蚀，使用寿命长。

4.1.3.2　导线结构设计

1. 设计原则

在普通的碳纤维复合芯导线结构中以合适的方法加入光纤单元，就成为碳纤维光电复合芯导线。在进行导线设计时应考虑如下两条原则：

（1）碳纤维光电复合芯导线因其长期允许最高工作温度为 120℃，所以要考虑导线的持续高温对光纤传输性能和光纤寿命的影响。

（2）要保证碳纤维光电复合芯导线的结构（如截面积、直径、质量）、机械和电气等性能参数与相邻两相导线的性能参数相近。

2. 光纤单元位置的确定

由于是在碳纤维复合芯导线中植入光纤单元，根据碳纤维复合芯导线的结构特点和所要实现的功能，只能在外部铝层中植入光纤单元，植入位置有如下两种情况：

（1）光纤单元植入外层铝股。

1）由于外层直接裸露在外，外力对导线的摩擦和挤压易伤及光纤单元；

2）光纤单元与外界直接接触，其测温功能受外界环境影响较大，影响测温精度。

（2）光纤单元植入内层铝股。

1）免受外部损伤，一定程度上保护了光纤单元；

2）提高光纤的测温精确度，能更准确地测量导线的工作温度。

通过上述分析，选择将光纤单元植入光纤复合碳纤维芯导线内层。

3. 碳纤维光电复合芯导线结构的确定

考虑到上述因素，再综合导线结构的稳定性、生产工艺的可行性，以及对光纤单元保护等因素，最终确定碳纤维光电复合芯导线为三层结构。中心层为碳纤维复合芯棒，铝股内层为圆铝线，其中有一根被光纤单元替代，铝股外层为软铝型线。光电复合碳纤维芯软铝型线绞线的结构如图 4-12 所示。

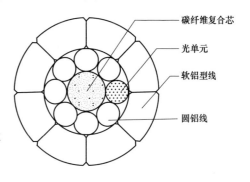

图 4-12　光电复合碳纤维芯软铝型线绞线结构示意图

4.1.3.3　碳纤维光电复合芯导线性能指标

1. 导线载流量

JLOP/F1B-200/25-4B1 碳纤维光电复合芯导线的载流量参考值见表 4-16。

表 4-16　　　　JLOP/F1B-200/25-4B1 导线载流量参考值　　　　（A）

环境温度（℃）	导线运行温度（℃）	参考值
30	60	390
	80	553
	100	670
	120	761
	140	841
	160	895
40	60	268
	80	481
	100	616
	120	717
	140	804
	160	863

注　风速 0.5m/s、辐射系数 0.9、吸热系数 0.9、日照强度 1000W/m²。

2. 导线技术参数

JLOP/F1B-200/25-4B1 碳纤维光电复合芯导线的技术参数见表 4-17，软铝型单线技术参数见表 4-18，光纤单元技术参数见表 4-19。

表 4-17　　　　　　　　　　**JLOP/F1B-200/25-4B1 导线技术参数**

项目			单位	招标人要求值	
外观及表面质量			—	导线表面不应有肉眼（或正常矫正视力）可见的缺陷，例如明显的划痕、压痕等，并不得有与良好的商品不相称的任何缺陷	
结构	铝单线	绞层数	层	2	
	复合芯棒	股数/直径	根/mm	1/5.50	
计算截面积	合计		mm²	221.6	
	铝		mm²	197.8	
	复合芯		mm²	23.8	
外径			mm	17.4	
单位长度质量			kg/km	592.7	
20℃时直流电阻			Ω/km	≤0.1412	
导线最高长期允许运行温度			℃	160	
额定抗拉力			kN	≥61.28	
弹性模量	迁移点温度以下		GPa	57	
	迁移点温度以上		GPa	110	
线膨胀系数	迁移点温度以下		1/℃	16.9×10^{-6}	
	迁移点温度以下		1/℃	2.0×10^{-6}	
节径比	内层		—	10～16	
	邻外层		—	—	
	外层		—	10～14	
	对于有多层的绞线		—	任何层的节径比应不大于紧邻内层的节径比	
绞向	外层		—	右向	
	其他层		—	相邻层绞向应相反	
每盘线长			m	定长加工	
线长偏差	正		%	0.5	
	负		%	0	
每盘绞线净重			kg	—	
每盘绞线毛重			kg	—	
蠕变特性	试验张力			25%RTS	40%RTS
	10 年蠕变量		%	—	—
	20 年蠕变量		%	—	—
复合芯无接续，外层铝不允许有接续，其他层接续采用电阻对焊，强度应满足 60MPa～95MPa 要求					

表 4-18　　　　　　　　　　**JLOP/F1B-200/25-4B1 软铝型单线技术参数**

项目	单位	招标人要求值
外观及表面质量	—	表面应光洁，并不得有与良好的商品不相称的任何缺陷
截面形状	—	梯形
20℃时直流电阻率	nΩ·m	≤27.367
抗拉强度	MPa	60～95
等效直径公差	mm	标称值±2%

表 4-19 　　　　　　　　　JLOP/F1B-200/25-4B1 光纤单元技术参数

类别	光单元	根数及线径	1/2.5mm
		衰减	1310nm 波长≤0.35dB/km，1550nm 波长≤0.21dB/km
		渗水	1m 水柱下 1h 不渗水
		滴流	在 120℃ 恒温下 24h 无填充物从光单元流出

4.1.3.4　碳纤维光电复合芯导线生产工艺

碳纤维光电复合芯导线生产工艺流程如图 4-13 所示。

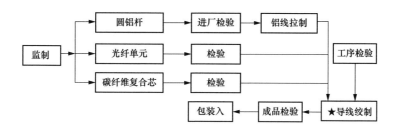

图 4-13　碳纤维光电复合芯导线生产工艺流程图

注：标★为关键控制程序。

碳纤维光电复合芯导线的每个生产过程，均制订有完善的工艺卡或作业指导书，编制及审批手续齐全，生产工艺文件能有效指导工人操作。从原材料进厂到成品出厂的各过程分别制订质量控制文件，包括原材料采购规范、工序检验规范和产品检验标准等。

1. 铝型单线生产工艺的确定

铝型单线生产工艺有两种，一种是拉丝-退火工艺，另一种是挤压成型工艺，两种工艺的对比见表 4-20。

表 4-20 　　　　　　　　　　拉丝-退火和挤压成型工艺对比

生产工艺	工艺性影响
拉丝-退火	（1）铝杆规格：A2-9.5。 （2）先进行拉丝，后进行退火，多一道工序。内外两层多个模具，换模复杂。 （3）拉丝易产生油污，后经退火，型线表面易发黄。 （4）材料利用率高，产品性能稳定
挤压成型	（1）铝杆规格：A2-15。 （2）一次挤压完成，工序简单，生产效率高。 （3）采用软化水处理，外观不易出现氧化现象。 （4）材料利用率没有拉丝-退火工艺高，但产品性能稳定

从产品生产效率及性能稳定性方面进行考虑，最终定型线生产工艺采用挤压成型工艺。

2. 绞合工艺确定

传统的导线绞制会在绞线机上加装退扭装置，但复合芯导线内外层导体是梯形结构，易发生型线翻身现象，不宜采用传统的绞合退扭装置。经大量试制总结，在设备维修人员的配合下，为JLK-630/12+18+24框式绞线机每段绞笼增加了预扭装置。绞制之前，先将每根单线预先扭转约360°，很好地保证了型线的定位和定型。为保证每根单线绞合时都受到均匀一致的张力，维修人员调试了每盘的张力控制系统，确保绞合后的导线十分紧密、均匀。为保证绞制过程中铝型单线的表面质量，630框绞的所有穿线嘴采用氧化铝刚玉陶瓷，并对框绞的牵引轮进行磨光处理。

3. 工艺要求

（1）型线挤制工序：

1）挤制工在型线挤制前应认真核对铝杆的标识，确保使用A2-15型铝杆。

2）挤制工应严格按照LJ350铝型材连续挤压生产线相关使用方法规范作业，挤制的首件软铝型单线（每捆铝杆挤制首件产品）应及时送检，检测合格后方能继续挤制。

3）软铝型单线表面应光洁，无明显发黑、夹杂、色泽不均、压痕或划痕等不良现象。

（2）绞线工序：

1）绞线机的每个线盘均装有张力控制装置，每根单线的张力调整到均匀一致。另外，每段绞线机上均装有预扭装置。

2）收线盘内侧及每层导线之间用导线纸隔开，防止导线有压痕。导线内外端头各用两个卡环卡紧，固定在导线盘上。

3）导线绞合后紧密、不松股、不散开、平整、无蛇形。

4. 光纤单元绞合余长

在成缆的过程中，余长的形成主要来源于束管和导线的相对长度。导线结构固定后，其余长大小由成缆时束管与填芯的绞合角决定。一般绞合角越大，其余长越长。决定绞合角的因素是成缆节距，节距越小，绞合角越大，余长就越长。

4.1.3.5 导线特性的试验

1. 弧垂特性

铝线的热膨胀系数为$23.0 \times 10^{-6}(1/℃)$，钢线的热膨胀系数为$11.5 \times 10^{-6}(1/℃)$。一般而言，普通钢芯铝绞线的热膨胀系数为$20.0 \times 10^{-6}(1/℃)$左右。碳纤维复合芯线热膨胀

系数为 $1.6 \times 10^{-6} (1/℃)$，仅为钢线的 $1/7$。

试验表明，普通钢芯铝绞线迁移点温度在 120℃ 左右，而碳纤维复合芯铝绞线的迁移点温度在 80℃ 左右。碳纤维复合芯铝绞线使用温度在迁移点温度以上时，弧垂基本无变化。

2. 蠕变特性

碳纤维复合芯导线在对应张力、温度下的蠕变量与同等结构钢芯铝绞线相比，其 10 年蠕变量降低 10% 左右。

3. 应力应变特性

碳纤维光电复合导线与钢芯铝绞线的综合弹性模量基本一致，但是碳纤维复合芯应变较大，达到 1.2%～1.4%；一般钢芯铝绞线的应变在 0.55%～0.75%。

软铝线由挤制成型工艺生产而成，屈服点非常低，因此当导线承载过大张力后，张力下降时，所有应力将转移到复合芯上。

4. 光单元光纤余长验证

光纤余长试验结果见表 4-21。

表 4-21　　　　　　　　　　　　　　光纤余长试验结果

试验设备	CD300 色散应变测试系统光缆机械性能测试机
试验依据	《圆线同心绞架空导线》（GB/T 1179—2017）； 《电工用铝包钢线》（GB/T 17937—2009）； 《光缆　第 4 部分：电力输电线用架空光缆》（IEC 60794-4：2018）
光缆标称抗拉强度（RTS）	61kN
技术要求	长期拉伸力：24.4kN（40%RTS），光纤应无明显附加衰减和应变。 短期拉伸力：36.6kN（60%RTS），光纤应变≤0.25%，光纤附加衰减绝对值≤0.05dB。 试验后光缆绞线应无破断及明显的机械损伤
试验结果	光纤附加衰减绝对值≤0.02dB，光纤应变≤0.024%。 试验后光缆绞线无任何机械损伤
结论	合格

5. 载流量及温升

试验表明，相同外径的复合芯导线与普通钢芯铝绞线相比，按照国内气象参数，当复合芯导线使用温度达到 140℃ 时，载流量是钢芯铝绞线的 2 倍。

热循环试验表明，现有楔形金具温升大大低于导线本体温度，而且经过 100～1000 次的热循环试验后，金具两端电阻值变化符合相关标准要求，握力测试表明，耐张和接续金具均未出现滑移现象。

4.1.3.6　导线的包装、运输、储存和开箱检查

1.包装

碳纤维光电复合芯导线一般采用钢木结构盘装载交货，也可根据用户需要采用全钢瓦楞结构盘交货。交货盘侧板、芯筒以及线与线之间采用无腐蚀性的中性材料隔垫，外层采用竹芭封包，长途运输或用户有要求时也可采用木板封包。线盘侧板处用油漆喷涂注明以下标识：制造厂（商）名；产品型号规格号（包含标准号）；表示线盘滚动方向的箭头；运输时线盘不能平放的标记；产品长度；皮重、毛重和净重；制造日期；编号或批号；买方名称；工程名称；合同号；目的地。

2.运输和储存

在装卸、运输和储存过程中，装线的线盘应防止碰撞和其他机械损伤，并应做好以下防护。

（1）吊装导线应用满足质量要求的起重机和钢缆吊装，严禁多盘同时吊装，严禁从高处推下装有导线的线盘，严禁机械损伤导线，吊装时不得磕碰、斜吊；起吊点应正确，轻吊轻放。

（2）装车时，装线的线盘应"丁"字形立放，不得平放和堆放。

（3）在运输和储存过程中，应对装线的线盘做必要的固定，以防止运输中线盘的滚动，并不得使线盘遭受冲撞、挤压和其他任何机械损伤。

（4）装线的线盘不得做长距离的滚动，在必须做短距离滚动时，按线盘上标示的旋转箭头方向滚动。

（5）导线应存放在干燥洁净的地方，不得与酸、碱、盐物质或其他有腐蚀性的液体和气体接触。

3.开箱检查

开箱检查应在产品货到目的地现场的2个工作日内进行。导线是盘装产品，一端固定在线盘筒体内的型钢处，伸出长度0.5m左右；另一端用线卡固定在线盘内侧板上。产品出厂前均进行合格检验，线盘侧板的一面固定放有产品合格证，线盘内侧板端头固定处放有产品出厂检验报告，在外侧板处标有端头固定位置标识。

产品开箱检查前，应检查线盘和外包装是否有损坏和损伤现象。产品应在内侧板固定的位置标识处打开外封进行检查。打开外封后，取出产品检验出厂报告，检验产品的表面质量和结构尺寸。开箱检查完成后，应重新封好外封。

4.1.3.7 经济和社会效益分析

1. 产品特点

碳纤维光电复合芯导线是以碳纤维复合芯作加强芯，外层由软铝材料绞制而成；由于软铝材料代替了普通的硬铝材料，增加了导线的导电率，因此该导线具有电阻小等特点。在架空输电线路中，采用该导线能大大降低输电过程中的电能损耗；同时，在老旧线路技改工程中无须更换杆塔，只对导线进行更换，所以降低了工程综合技改造价，提高了抗自然灾害能力，实现了导线分布式测温，使导线长期安全高效运行，达到了节能降耗的目的，具有明显的经济和社会效益。

2. 技术可行性分析

碳纤维光电复合芯导线由于使用碳纤维复合芯棒代替了传统导线的钢芯，导电部分由软铝材料代替了硬铝材料，导电性能有了明显的提高。在老线路改造方面，碳纤维光电复合芯导线效果显著，该导线允许运行工作温度可达到120℃。当导线运行经济温度达到120℃时，可实现导线的倍容输送。

碳纤维光电复合芯导线铝股的形状可以分为型线和圆线两种。由于导线中要植入圆形光纤单元，碳棒外层用圆线进行绞制，需要将其中的一股圆线替换为光纤单元；外层采用型线进行绞制，能够使绞线结构更为紧密，这样既能优化导线空间布置，又能增大同等截面积，避免导线碳纤维复合芯棒受到大气水分子和金属微粒的侵蚀，延长导线运行寿命，提高了导线安全运行可靠性。

碳纤维光电复合芯导线芯棒结合树脂固化成型工艺，采用碳纤维丝与玻璃纤维丝复合材料制成，主要用来承载导线张力。外层软铝型线 A2-15 铝杆经拉制机拉制而成。在导线的绞制过程中，采用加装定位压轮防扭转装置来防止导线扭转位移。经过多次试制验证，该导线的生产在技术上是可行的。

3. 经济分析

碳纤维光电复合芯导线经济分析（按1km导线折算）见表4-22。

表 4-22 　　　　　　碳纤维光电复合芯导线经济分析表

序号	项目		用量	单价	金额（元/km）
1	原材料	复合芯	1000m	35000 元/km	35000
		铝杆	1.5t	14500 元/t	21750

序号	项目	用量	单价	金额（元/km）
2	其他费用	包装及损耗		900
3	制造费用	电耗、油耗、折旧等		2000
4	产品总成本	1+2+3		59650
5	预计销售额	—		67000
6	增值税	—		1742
7	产品利润	5—4—6		5608

由表 4-22 可见，碳纤维光电复合芯导线产品利润率可达 8%，经济效果显著。

4. 社会效益分析

碳纤维光电复合芯导线是一种节能节材的产品，复合芯导线比相同规格的普通钢芯铝绞线的载流量提高一倍，相当于节约 1/2 的铝导体。铝是由三氧化二铝经电解而成，其中电费占成本的 50%，同时铝加工又是一个高污染高能耗的产业，属国家限制发展的行业。推广使用碳纤维复合导线，可节约用铝量，对于电解铝行业减少污染、节约电能有着非常重要的意义。

（1）节能方面：由于复合芯导线不存在钢丝材料引起的磁损和热效应，在输送相同负荷的条件下，具有更低的运行温度，可以减少输电损失 6%。在用电高峰期，碳纤维复合芯导线弧垂变化比钢芯铝绞线小 40%，高温条件下弧垂不到钢芯铝绞线的 1/2，能有效减少架空线的绝缘空间走廊，提高导线运行的安全性和可靠性。

（2）耐腐蚀性好：碳纤维复合材料与环境亲和，同时又避免了在通电时铝线与镀锌钢线之间的电化腐蚀问题，有效地延缓导线的老化。

（3）线路造价低：由于复合芯导线能加倍容量运行，而且具有抗拉强度高、弧垂小、质量轻等特点，可使杆、塔之间的跨距增大，高度降低，同样容量线路成本比普通导线低。

（4）碳纤维光电复合芯导线由于导线内部植入光纤单元，可在电能传输的同时进行数据信号的通信，可替代传统的 OPGW（光纤复合架空地线）及 ADSS 光缆（全介质自承式光缆）的数据传输功能，省去了输电线路光缆建设的二次施工。一种导线集成多种功能，在输电、数据传输的同时，对导线的运行温度进行监测，保障线路的安全可靠运行，为我国智能电网的发展做出贡献。

4.1.4 碳纤维光电复合芯导线配套金具及光纤接续盒

4.1.4.1 配套金具

碳纤维光电复合芯导线是在碳纤维复合芯导线中使用一根或者多根有植入光纤的光纤单

元代替碳纤维导线中的一根或者多根铝单线，所以配套金具必须兼顾碳纤维芯棒和光纤两者各自的特殊性。碳纤维光电复合芯导线所用的专用金具包括悬垂线夹和耐张线夹。

1. 国内常规导线电力光缆的耐张金具

OPGW 和 OPPC（光纤复合架空相线）是输电线路中常见的两种电力光缆。OPGW 通常是在（铝包）钢绞线中复合光纤单元，主要用于输电线路的地线中；而 OPPC 则是在（铝包）钢芯铝绞线的（铝包）钢芯中植入光纤单元，替换三相电力输电线路中的一相，形成由两根导线和一根 OPPC 组合而成的三相电力系统，使之具有电力架空相线和通信能力双重功能。OPPC 的结构如图 4-14 所示。

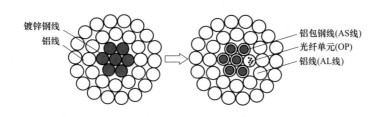

图 4-14 OPPC 结构示意图

OPPC 的耐张线夹金具不仅要将光缆紧固在杆塔上，承受较大的张力，同时对光缆具有较大的握着力，且又不能超过光缆的侧压强度。OPPC 耐张金具通常采用预绞丝耐张金具，每个杆塔配两套耐张金具，构架终端配一套耐张金具，预绞丝耐张金具如图 4-15 所示。

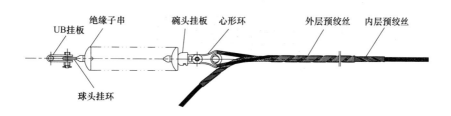

图 4-15 预绞丝耐张金具示意图

2. 碳纤维光电复合芯导线耐张线夹

由于碳纤维光电复合芯导线结构的特殊性，原有的传统金具无法满足光纤单元的引出及光电分离的要求，因此，需要对结构和工艺进行如下改进。

（1）螺纹形式改变：将原耐张线夹钢锚与楔形夹外螺纹连接、接续管调节器与楔形夹的外螺纹连接，全部改为内螺纹连接。

（2）长度改进：通过计算和试验，将铝管有效压接长度大大缩短，有效压接长度仅为国外和国内同类产品的 33%，而电气性能完全达到设计要求，接续管在施工时，过滑车方便，可降低劳动强度。

（3）通过强度计算和试验，改进后的楔形夹锥度、长度和内套开口间隙尺寸均小于国内外同类产品，但握紧力及强度均大于国内外同类产品。

（4）取消双向调节器，设计一种简便可靠的锁紧塞锁定楔形握紧力，握紧力可靠、施工便捷。

（5）为了增大碳纤维光电复合芯导线与楔形内套之间的摩擦因数，采用一种固熔植膜新工艺，即在内套、内孔表层，在一定工艺温度下，固熔一种耐高温、耐摩擦，摩擦因数大的植膜，效果明显，优化了碳纤维复合芯导线原来的施工工艺，已在国内多个工程中得到应用，施工极为方便、快捷、简单。

（6）碳纤维光电复合芯导线内碳棒和光纤束管的结构独特，在安装的过程中，既要保证碳棒压接安全可靠，同时也要保证光纤的分离不受损。在耐张线夹外套管的下部非压接处开槽，引出光纤单元，并盘余缆；在开剥碳纤维光电复合芯导线时，在不锈钢出口处对光纤进行保护，导线外层绞线牢固卡住，以防导线扭动而造成光纤受损伤实现碳纤维光电复合芯导线光电分离。

碳纤维光电复合芯导线的耐张线夹如图 4-16 所示。

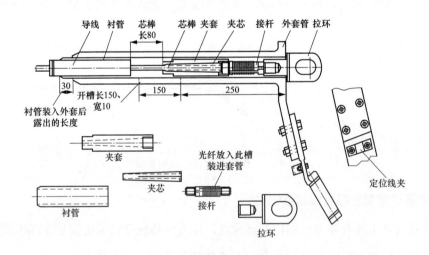

图 4-16　碳纤维光电复合芯导线耐张线夹示意图

3. 碳纤维光电复合芯导线的悬垂线夹

碳纤维光电复合芯导线在中间杆塔上配套的悬垂线夹采用预绞式悬垂线夹，如图 4-17

所示。预绞式悬垂线夹是碳纤维光电复合芯导
线悬挂在线路杆塔上的连接金具,保护导线在
架设、运行过程中不受损伤,并确保光纤变形
最小;由于接触面积大,应力分布均匀,无应
力集中点,增强了导线安装点的刚度,对导线

图 4-17 碳纤维光电复合芯导线用悬垂线夹

起了很好的保护作用;有较好的动态应力承载能力,可以提供足够的握力(15%RTS～20%
RTS),以保护导线在不平衡荷载条件下安全运行;结构简单,安装很方便,不需要专用工
具,免维护。

4.1.4.2 光纤接续盒

碳纤维光电复合芯导线作为相线架设在输电线路中,在输送电能的同时兼有光缆通信功
能。在把光纤单元下引到通信设备时,必须对光纤单元进行光电分离,以保证通信光纤能够
安全地连接到零电位水平终端通信设备,使通信数据安全可靠地提取出来。所以,碳纤维光
电复合芯导线接续盒作为线路架设运行的关键技术之一,要解决光纤接续、高压绝缘、光电
分离等难题,以保证线路的安全运行。

1. 光纤接续盒的结构

碳纤维光电复合芯导线接续盒的盒内结构和光纤接续方法与 OPPC 类似,光纤复合相
线接续盒由绝缘部件、壳体、内部构件、密封元件和光纤接续保护件五部分组成。

(1)绝缘部件。采用硅橡胶复合绝缘子作为绝缘部件,有良好的机械性能、绝缘性能、
耐污能力且便于运输不容易破损等优点,绝缘子规格要与线路电压等级匹配。

(2)壳体。用于储存安放存纤盘,为光纤接续提供保护,并具有导流功能,采用优质铸
造铝合金,有良好的密封性能和耐腐蚀性能。

(3)内部构件。内部构件包括存纤盘,用以存放光纤接续和余留光纤,采用 ABS 材料制成,
具有好的机械性能,且可余留光纤长度大于 1.6m,余留光纤盘放的曲率半径大于 37.5mm。

(4)密封元件。采用硫化橡胶件和胶粘剂实现机械密封,具有良好的密封和防水性能。

(5)光纤接续保护件。光纤接续的保护采用热收缩保护管,安全可靠,操作方便。

2. 光纤接续盒的分类

光纤接续盒按其安装方式分为悬挂式和支柱式,按使用场合分为中间接续盒和终端接
续盒。

悬挂式接续盒适用于同塔单回线路和大转角的耐张塔；支柱式接续盒适用于同塔双回线路和小转角的耐张塔。

支柱式中间接续盒采用固定座式绝缘子，如图 4-18 所示；悬挂式中间接续盒采用悬挂式绝缘子，如图 4-19 所示。支柱式终端接续盒如图 4-20 所示。

(a)　　　　　　　　　　(b)

图 4-18　支柱式中间接续盒

（a）接续盒；（b）现场应用

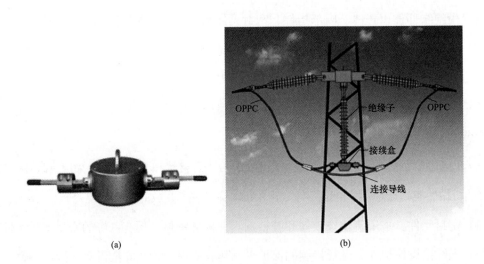

(a)　　　　　　　　　　(b)

图 4-19　悬挂式中间接续盒

（a）接续盒；（b）现场应用

(a)　　　　　　　　　　　　　　　(b)

图 4-20　支柱式终端接续盒

（a）接续盒；（b）现场应用

4.2　在　线　监　测　系　统

碳纤维光电复合芯导线在线监测系统使用光纤单元通信，利用光纤传感器对整根导线的温度进行分布式实时在线监测，并根据与温度相关的各种数学模型，建立以检测碳纤维光电复合芯导线分布式温度为核心的集成系统，包括分布式光纤测温系统（输电线路导线测温）系统和输电线路载流量分析系统。

4.2.1　分布式光纤测温系统

4.2.1.1　分布式光纤测温系统工作过程

计算机控制同步脉冲发生器产生具有一定重复频率的脉冲，这个脉冲一方面调制脉冲激光器，使之产生一系列大功率光脉冲；另一方面，向高速数据采集卡（AD卡）提供同步脉冲，使其进入数据采集状态。光脉冲经过波分复用器的一个端口进入传感光纤，并在光纤中各点处产生后向散射光，返回波分复用器。后向散射光通过薄膜干涉滤光片分别滤出斯托克斯光和反斯托克斯光，经波分复用器的另外两个端口输出，并分别进入光电检测器和主放大器中进行光电转换和放大，将信号放大到 AD 卡能够有效采集的范围上。此时，AD 卡将传感光纤各点散射回来的光电信号进行采集和存储，产生一条光纤温度曲线，并等待后续光脉冲产生的散射光电信号进行累加和平均等数据处理，最终由计算机通过编译好的软件进行温度解调和显示。光纤测温系统结构如图 4-21 所示。

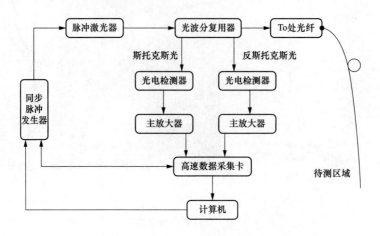

图 4-21　分布式光纤测温系统结构示意图

4.2.1.2　光纤温度分布与输电线路光电复合芯导线温度分布的导热关系

1. 分析原则

对于多种不同结构的光电复合芯导线，光纤单元与铝合金或铝包钢绞线或碳纤维材料总是形成相邻或间接相邻的关系。对于不同的结构，两者的热传递过程也有差别。不过对于一个总体导热良好的介质环境，总体的热关系模型是基本一致的，至多存在个别参数取值的差异或时间上的滞后差别。因此，在分析光电复合芯导线受热过程的热变化理论模型时，可仅考虑不同材料的影响，忽略不同结构光电复合芯导线的区别，待取得实际实验结果后，结合相关数据再做进一步修正。

2. 相关的原理和算法

感应电流为计算光电复合芯导线中热量的基本参数，光电复合芯导线中的感应电流可由下式表示：

$$i(t) = \frac{\varepsilon(t)}{R(t)} \tag{4-4}$$

式中　t——时间；

　　$\varepsilon(t)$——感应电动势；

　　$R(t)$——光缆线路电阻。

对于多种不同的光电复合芯导线结构，均可认为其为多层材料介质组成。可设第 i 层介质边界处的电流密度为 J_{Si}，则：

$$\begin{cases} I_i = 2\pi \int_{R_i}^{R_{i+1}} J_{Si}\psi(r) \cdot r\mathrm{d}r \\ I = \sum_i I_i \end{cases} \tag{4-5}$$

式中 $\psi(r)$——分布函数。

在光电复合芯导线的温度发生变化时（多种异常情况导致局部温度升高），其外层的介质将向环境散热，其过程可总体描述为：

$$Q = HA\Delta T(t)\Delta t \tag{4-6}$$

式中 Q——散热量；

H——散热系数；

A——有效散热面积；

$\Delta T(t)$——t 时刻光缆最外层与大气的温差；

Δt——散热时间。

各层接触良好的多层圆筒壁的稳定热传导可表示为：

$$H_e(t) = \frac{T_i(t) - T_{n+1}(t)}{\sum_{i=1}^{n} \frac{1}{2\pi\lambda_i L}\ln\frac{r_i+1}{r_i}} \tag{4-7}$$

式中 L——光电复合缆横截面的圆周长；

r_i——第 i 层的半径；

$T_i(t)$——t 时刻各层温度；

λ_i——第 i 层导热系数。

3. 基于理论模型的模拟

对于层绞式光电复合芯导线结构，并且从内到外分别为内层导线材料—光纤单元—外层导线材料的模型，对各材料单丝直径分别取 2.6mm 和 3mm。

设定导线温度异常的极端情况（如雷击）时，对线路损害最大的连续电流为 15kA，持续时间 500ms，在环境温度为 20℃时，内外层导线材料的模拟温度数据见表 4-23。

表 4-23　　　　　　　内外层导线材料的模拟温度　　　　　　　（℃）

单丝直径（mm）	外层导线材料平均温度	内层导线材料平均温度
2.6	297	243
3	184	146

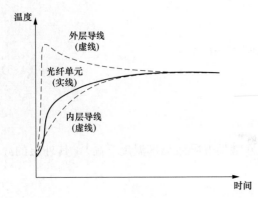

图 4-22 光电复合芯导线各层材料导热模拟曲线

对于考虑光缆的温度传导模型，光缆（主要是内部的玻璃纤芯）的热传导能力明显低于金属，因此在温度变化方面与外层导线材料和内层导线材料存在差异。光电复合导线各层材料的导热模拟曲线如图 4-22 所示。

由图 4-22 可以看到，尽管光纤单元的温升情况（时间上）与各层导线单丝存在差异，但是总体趋势一致，并且时间上的差异间隔小到足够在实际的异常温度监测报警中忽略。当分布式光纤测温系统的热点定位达到足够精度，就足以反映输电线温度分布的真实情况。

4.2.1.3 分布式光纤测温系统应用化关键指标

1. 接入光纤的种类

分布式光纤测温系统通常使用多模传感光纤作为接入光纤，无法使用通信光纤作为接入光纤进行温度测量，传感光纤一般选用多模光纤。做温度测量用时，多模光纤具有返回光信号强度高、每千米光纤损耗较大的特点；与之相反，通信光纤用作传感测温返回光信号弱，但每千米光信号损耗较小。碳纤维光电复合芯导线中自带的光纤为单模通信光纤，必须使用通信光纤作为接入光纤，否则需要在导线表面另外敷设多模光纤，成本极高；因此，必须选用能够直接使用单模光纤作为接入光纤的分布式光纤测温系统。由于使用单模光纤返回的光信号很弱，因此对于分布式光纤测温系统的光电转换，信号采集的精度要有数量级上的更高的要求。

常见的多模光纤芯径一般为 $62.5\mu m$，单模光纤芯径一般为 $9\mu m$，多模光纤的横截面积为单模光纤的 $[(62.5/2)/(9/2)]^2 = 48.2$ 倍，但两种光纤能通过激光脉冲的饱和功率密度是相同的，导致两种光纤能通过的功率强度相差 48.2 倍，接近两个数量级。而用作分布式光纤测温系统检测的斯托克斯信号和反斯托克斯信号都是纳瓦（nW）级的信号，即使是直接使用多模光纤，信号也很微弱，信号再降低两个数量级后对系统的测量精度要求更高。

为了能够提供具有足够精度的光电转换电路，光电转换器件选用了雪崩光电二极管（APD），并且选用了高精度、高灵敏度的运算放大器作为模拟放大器件，AD 卡选用了高精度和高速的 AD 芯片。这一系列手段，可将光电探测的精度提高至足以探测单模光纤中返回的光信号。

2. 测温精度

温度分辨率或精度是指为产生大小与总噪声电流的均方根值相同信号的光电流变化所需的温度变化量，即温度分辨率是指信噪比为 1 时对应的温度变化量。它描述了传感器系统实现准确测量的程度，是系统最小的温度示值，用公式表示如下：

$$\sigma T = \frac{kT^2}{\sqrt{N}h\,\Delta\nu} \left/ \frac{I_{as}}{n_{as}} \right. \tag{4-8}$$

式中　k——玻尔兹曼常数；

　　　h——普朗克常数；

　　　T——温度；

　　　N——系统累加平均次数；

　　　$\Delta\nu$——拉曼频移量；

　　　$\dfrac{I_{as}}{n_{as}}$——系统的信噪比。

由式（4-8）可知，拉曼分布式光纤温度传感器的温度分辨率 σT 与系统的信噪比 I_{as}/n_{as} 成反比，因而提高系统温度分辨率的关键在于提高系统信噪比；可以通过提高入射光功率、优化入射光波长、增加累加平均次数、降低探测器噪声等方法来实现。

3. 系统信噪比分析

由光纤测温系统结构图可知，激光脉冲在经过一系列的传输、传感和采集过程中，会有很大概率引入各种噪声，尤其是对后向散射光这种极其微弱的信号来讲，信噪比的优劣更直接影响着系统的整体性能。而信噪比是个比值公式，增强信号检测的光率或降低系统的噪声都可以相应地提高信噪比。影响信噪比的因素有很多，有非量化因素和可量化因素，贯穿整个系统。

（1）脉冲激光器的影响。脉冲激光器的主要技术指标有中心波长、峰值功率、脉冲宽度等。提高脉冲激光器的峰值功率可以直接提高系统的信噪比，但根据对布里渊阈值的研究计算可知，峰值功率不能无限大，否则会产生受激布里渊散射。另外，在一定的空间分辨率上，脉冲宽度要求要小，这在一定程度上也限制了脉冲激光器的峰值功率。根据光学物理的阐述，脉冲进入光纤会产生色散现象，引起脉冲展宽，对布里渊散射谱造成有害的影响，降低了脉冲功率。此外，脉冲的波形尽量接近矩形，上升沿和下降沿都比较小，有利于光强的集中，而中心波长的选择和中心波长的漂移都对光脉冲的损耗有一定的影响。

（2）耦合器的影响。主要是在制作工艺上的提高，选择耦合效率较高的耦合器，并确定后向散射光的分光比，有效地分配光功率也可以提高系统信噪比。

（3）光纤的影响。光纤是测温系统的传输介质和传感介质，在其工作的时候，引起的损耗对于信噪比至关重要。对传感光纤的具体要求是：传输损耗小，产生的布里渊散射系数大。基于此，需要用到一些掺杂的光纤来满足这些要求。

（4）滤波片的影响。滤波片属于波分复用组件，它的峰值透射率和半峰值全宽（full with half maximum，FWHM）是影响光电检测组件光功率的主要技术参数。要求峰值透视率高，半峰值全宽适中。

（5）光电检测器的影响。光电检测器是由雪崩光电二极管和放大电路组成，两者电气特性对于系统信噪比有较大的影响，属于可量化信噪比。其影响主要包括雪崩光电二极管内部的暗电流、杂散电流、散粒噪声、放大器取样电阻和集成运放引起的热噪声等，应有效地放大有用信号并减小噪声。

综上所述，系统的信噪比的约束条件很多，完善这些因素能在一定程度上提高信噪比；但有用信号还是淹没在噪声中，需要采取进一步的数据处理方法，提取有用信号。

4. 系统工作稳定性分析及提高稳定性的措施

（1）系统工作稳定性分析。分布式光纤测温系统的稳定性关系到该系统能否迈出实验室，向实用化挺进。任何一个部件的性能不稳定，都可能导致整个系统的不稳定。影响系统稳定性和可靠性的主要因素有：

1）由于环境温度的变化使半导体激光器驱动电源输出电压不稳定，引起激光器的输出功率起伏，温度变化引起激光器波长和功率发生漂移，这些都可能引起整个系统的不稳定。半导体激光二极管（LD）因其高功率密度，并具有极高的量子效率而作为理想光源，被广泛地应用于光纤通信及传感领域。但微小的电流和温度变化都会导致器件光功率输出的显著变化和器件参数（如激射波长、噪声性能、阈值电流和效率、模式跳动）的变化，这些将直接影响器件的工作安全和使用指标，从而影响整个分布式光纤传感器系统的可靠性和稳定性。

2）放大器的增益会因温度的变化而改变，从而引起信号电平的变化。放大器的各个组件如电容、电阻、集成运算放大器、开关电源等对温度都有一定的敏感性，随着逐级放大，这种不稳定的因素也被放大，造成整个系统的不稳定。

3）雪崩管探测器的温度效应使信号电平随温度的升高而下降、随温度降低而上升。由于光信号太弱，雪崩光电二极管几乎工作在其增益的极限状态下。这时，增益的漂移将可能使传感系统的可靠性严重下降。

4) 温度的变化影响 AD 卡的工作状态，从而导致系统工作的不稳定。当雪崩光电二极管把光信号转换为电信号后，还需由内部 AD 卡把模拟信号转换为数字信号归计算机处理；然后再把计算机处理所得的数字信号进行数据转换，供进一步的处理和控制使用。传感系统中的 AD 卡集这两种功能于一体，转换的精度将影响传感系统的测试精度，而且 AD 卡的性能也会受到温度的影响，即使很小，但会造成传感器的空间分辨率和温度分辨率的降低。

(2) 提高系统稳定性的措施。根据影响系统稳定性因素的主要特点，可以清晰地看到温度变化对于系统稳定性有至关重要的影响。因此，提高系统稳定性的关键是对温度变化进行补偿或从根本上减少温度漂移。

1) 温度补偿控制法。对于雪崩光电二极管来说，需设计雪崩光电二极管偏压温度补偿电路。通过调节雪崩光电二极管的偏置电压，使其随环境温度的变化而按一定比例改变，以保持雪崩光电二极管的增益不变，该方法的关键是温度的准确测量。对于脉冲激光器来说，通常让激光二极管的电流源以恒定电流方式工作，通过电学反馈控制回路，直接提供驱动电流的有效控制，以此获得最低的电流偏差和最高激光二极管输出的稳定性。另外，用脉冲来调制电源也是一种有效的方法，因为对于激光二极管来说，脉冲状态工作只有很小的结发热，这样可以延长其寿命，利于安全稳定地工作。

2) 恒温法。恒温法的原则就是把系统的主要部件尤其是受温度影响较大的器件放入一个恒温箱中，通过测温和控温机构使恒温箱中的温度始终保持不变。一般来说，环境温度变化 $0.1℃$，引起的输出电压变化率为 3%，基本能够满足传感系统的实用化要求，工艺上有一定的可行性。

5. 系统光源模块的工作波长

系统光源模块的工作波长（系统工作波长）也就是脉冲激光器的工作波长，是脉冲激光器的重要性能指标。系统的工作波长直接影响到波分复用组件、滤波片组、传感光纤、雪崩光电二极管的相应波长范围等器件参数的选择，因此有必要对系统波长选择的合理性问题进行分析。

(1) 系统工作波长与待检光功率的关系。就光纤本身而言，光在光纤中的传输存在损耗，传输损耗系数随光波波长的增加而减小，光纤布里渊散射信号随波长的增加而变弱。另外，光电检测器件即雪崩光电二极管的光谱也远非线性。这就提出一个问题，如何选择传感系统的工作波长，才能使系统的散射光待检光功率（即进入雪崩光电二极管的散射光功率）最大，即信噪比最大。系统的测温机理决定了中心波长优化的根本原则是使回到光纤始端的光纤末端的后向散射反斯托克斯信号强度最大，即：

$$P_{as}(L) = P_0 K_{as} R_{as}(T) \lambda_{as}^{-4} 10^{(\alpha_{as}+\alpha_0)L/10} \tag{4-9}$$

式中　L——光纤长度；

　　　P_0——光源进入光纤始端的光功率；

　$P_{as}(L)$——光纤末端返回光纤始端的反斯托克斯光功率；

　　　K_{as}——与布里渊散射截面积、布里渊频移处光纤元件的耦合效率及光纤后向散射因子等有关的系数；

　$R_{as}(T)$——下能级的布居数；

　　　λ_{as}——反斯托克斯散射光波长；

　　　α_0——光纤在光源中心波长处的损耗；

　　　α_{as}——反斯托克斯散射光波长处的损耗。

光纤的衰减大致可以分为三类：吸收损耗、附加损耗和散射损耗。吸收损耗主要来自三个方面，光纤材料的本征吸收、材料中的杂质吸收和结构中的原子缺陷吸收。附加损耗是光纤成缆后产生的损耗。散射损耗主要是指瑞利散射，它属于固有散射，是由于光纤材料中的折射率不均匀造成的。瑞利散射的损耗与波长的四次方成反比，即：

$$\alpha = \frac{A}{\lambda^4} \tag{4-10}$$

式中　A——比例系数，由具体的传感光纤决定。

由相关理论研究可知，对于硅材料光纤在 $0.6\mu m \sim 1.6\mu m$ 范围内，瑞利散射是损耗的主要本征源，即有：

$$\begin{cases} \alpha_0 = \dfrac{A}{\lambda_0^4} \\ \\ \alpha_{as} = \dfrac{A}{\lambda_{as}^4} \end{cases} \tag{4-11}$$

式中　$\lambda_{as} = \dfrac{\lambda_0}{1+\lambda_0 \Delta v}$。

令 $\dfrac{\mathrm{d}P_{as}(L)}{\mathrm{d}\lambda_0}=0$，有：

$$L = \frac{10}{\ln 10} \times \frac{1}{A} \times \frac{\lambda_0^4}{(1+\lambda_0\Delta\nu)+(1+\lambda_0\Delta\nu)^4} \tag{4-12}$$

式中　$\Delta\nu$——布里渊频移。

通过特定损耗分布的光纤分析，可以得到不同测温距离情况下的最佳波长。对于给定的传感光纤和测温距离，从提高反斯托克斯信号待检光功率的角度出发，系统有一个最佳的中心波长。偏离这个中心波长，都会减弱反斯托克斯信号的光功率，并且这个最佳波长随测温距离的增大而增大。

（2）系统工作波长与温度灵敏度的关系。基于后向布里渊散射的分布式光纤测温系统，通常是根据斯托克斯和反斯托克斯两路信号的强度比来实现温度测量，即：

$$R(T) = \frac{P_{as}}{P_s} = \left(\frac{\lambda_s}{\lambda_{as}}\right)^4 \times \exp\left(-\frac{hc\,\Delta\nu}{kT}\right) \tag{4-13}$$

式中　h——普朗克常量；

　　　c——光速；

　　　k——玻耳兹曼常数；

　　　T——绝对温度；

　　　$\Delta\nu$——布里渊频移。

系统的温度灵敏度定义为有微小单位温度变化时，引起强度值 $R(T)$ 的变化，即：

$$\frac{\mathrm{d}R(T)}{\mathrm{d}T} = \left(\frac{\lambda_s}{\lambda_{as}}\right)^4 \times \exp\left(-\frac{hc\,\Delta\nu}{kT}\right) \times \frac{hc\,\Delta\nu}{kT^2} \tag{4-14}$$

根据布里渊光谱学，半导体脉冲激光器中心波长和布里渊散射信号中心波长的关系为：

$$\begin{cases} \lambda_0^{-1} - \lambda_s^{-1} = \Delta\nu \\ \lambda_{as}^{-1} - \lambda_0^{-1} = \Delta\nu \end{cases} \tag{4-15}$$

将式（4-15）代入式（4-14），化简可得系统的温度灵敏度，即：

$$\frac{\mathrm{d}R(T)}{\mathrm{d}T} = \left(\frac{1+\lambda_0\Delta\nu}{1-\lambda_0\Delta\nu}\right)^4 \times \exp\left(-\frac{hc\,\Delta\nu}{kT}\right) \times \frac{hc\,\Delta\nu}{kT^2} \tag{4-16}$$

式（4-16）表明，在其他条件一定的情况下，系统的温度灵敏度随系统选取半导体脉冲激光器中心波长的增加而提高。

实际系统中温度灵敏度往往比用式（4-16）计算的要低，原因在于后向瑞利散射谱的拖尾混漏入布里渊信号谱段中，而瑞利散射对温度不敏感，即使制作隔离度高的布里渊滤光片也不能根本解决这一问题。

从式（4-15）可以得到：

$$\begin{cases} \Delta_s = \lambda_s - \lambda_0 = \dfrac{\lambda_0^2 \Delta\nu}{1 - \lambda_0 \Delta\nu} \\ \Delta_{as} = \lambda_0 - \lambda_{as} = \dfrac{\lambda_0^2 \Delta\nu}{1 + \lambda_0 \Delta\nu} \end{cases} \tag{4-17}$$

式中　Δ_s、Δ_{as}——斯托克斯、反斯托克斯信号中心波长与半导体脉冲激光器中心波长之间的间距。

对于给定条件下的半导体脉冲激光器，间距 Δ_s、Δ_{as} 越大，意味着混漏入布里渊信号中的瑞利信号越弱，相应的系统温度灵敏度也越高。对于同一传感光纤而言，系统的中心波长越长，相应布里渊散射信号与激发信号之间的距离也越大，对提高系统的实际温度灵敏度越有利。

（3）系统工作波长与工作稳定性的关系。系统的工作稳定性是指随着半导体脉冲激光器的持续工作，其中心波长常会因为管芯发热而向长波长方向漂移，相应布里渊散射信号的中心波长也会随之发生变化，从而影响整个系统的工作状态。

尽管优质半导体脉冲激光器的中心波长漂移量较小，但也会给高性能参数的系统带来明显的不利影响。根据式（4-17）可得到：

$$\begin{cases} d\lambda_s = \dfrac{d\lambda_0}{(1 - \lambda_0 \Delta\nu)^2} = C_s d\lambda_0 \\ d\lambda_{as} = \dfrac{d\lambda_0}{(1 + \lambda_0 \Delta\nu)^2} = C_{as} d\lambda_0 \end{cases} \tag{4-18}$$

式中　C_s、C_{as}——斯托克斯、反斯托克斯信号的漂移系数，它表明布里渊信号中心波长随激发信号中心波长漂移而变化的比例。

从式（4-18）可以看出：$C_s > 1$、$C_{as} < 1$，即斯托克斯信号中心波长的漂移量大于激发信号中心波长的漂移量，并且随激发信号中心波长的增加成比例增大。同样地，反斯托克斯信号中心波长的漂移量小于激发信号中心波长的漂移量，并且随激发信号中心波长的增加成比例减小。因此，从系统工作稳定性角度出发，系统中心波长选择短波长是有利的。

（4）系统工作波长的合理选择。从上述分析中可以看出，系统的最优中心波长和系统选用光纤、系统的测温距离密切相关。在两者一定的情况下，从系统温度灵敏度角度出发，系统波长越长越好；从工作稳定性角度出发，系统波长宜选择短波长。而从待检测光功率的角度出发，系统只有一个最佳波长。

基于后向布里渊散射测温系统最大的不足是布里渊散射信号的强度太弱。因此，系统最优中心波长的选取应该在着重考虑信号强度的基础上，兼顾系统的温度灵敏度和稳定性。同时，还应该从实际的角度出发，考虑半导体激光器中心波长的普适性以及光电检测器等因素，根据雪崩光电二极管的光谱响应范围，选择适当的系统中心波长，使斯托克斯光波长和反斯托克斯光波长处在雪崩光电二极管光谱响应范围的平坦区域内。

由前面的分析可以得出一个更能体现待检光功率与系统工作波长的关系式：

$$P_{\mathrm{as}} = A\left(\frac{1}{\lambda} + \Delta\nu\right)^4 \times \exp\left[-(\alpha_0 + \alpha_{\mathrm{as}})L\right] \tag{4-19}$$

式中　A——一系列与波长无关的常量。

结合在不同入射波长和反斯托克斯波长处的损耗系数，可以得到不同波长的散射光功率曲线，如图 4-23 所示。

图 4-23 表明，当传感距离较近时，如传感距离小于 400m，激光在波长 a_1（840nm）附近时传感光纤尾端返回的反斯托克斯光最强；当传感距离在 $400\sim2200$m 范围内时，激光器的最佳工作波长处于 a_2（1320nm）附近，a_2 单模光纤优于 a_4 多模光纤；而对于传感距离更长的传感系统，a_3（1550nm）的工作波长显示出优越性，单模光纤 a_3 同样比 a_5 多模光纤效果更好。

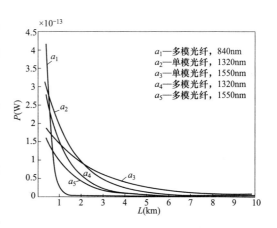

图 4-23　不同波长的散射光功率曲线

从图 4-23 可以看出，随着传感距离的增加，相应激光器的最佳工作波长向更长的波长方向移动，为工作波长的选择提供了理论依据。系统工作波长的选择要以系统的整体性能为准，合理地选择最佳工作波长。

（5）定标区的位置选择。为了提高系统温度测量的准确度和系统的稳定性，利用恒温箱在系统中设置定标区。图 4-24 为分布式光纤温度传感器所测量到的布里渊后向散射 OTDR 信号曲线，它表示了泵浦光脉冲在光纤中产生后向散射光的强度。

曲线分前端反射区、温度测量区和后端反射区三个部分。前端反射产生的原因是雪崩光

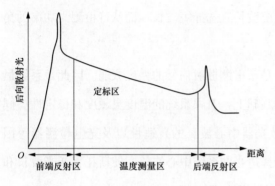

图 4-24 布里渊后向散射 OTDR 信号曲线

电二极管探测的脉冲信号，雪崩光电二极管在很短的时间内存在暂时的饱和阻塞现象；后端反射区是由于光纤端面与空气的折射率引起后向散射光增强；这两个区域的布里渊信号不反映光纤沿线的温度分布。温度测量区的信号较为稳定，而且反映光纤沿线的温度变化信息，所以定标区应该设在这个区域的首端。通常定标区设在 200m 处，计算时其测量长度为 0，并把这段光纤放在恒温箱中，保持为设定的温度 T_0。

(6) 测温系统待检光功率的估算。布里渊分布式光纤温度传感器的温度信号是由光纤中的后向反斯托克斯散光所携带，散射系数很小，且此信号功率的大小决定着雪崩光电二极管探测精度、前置放大器和主放大器增益系数、AD 卡的采集范围，因此须对光纤中的后向反斯托克斯布里渊散射光功率进行定量的分析计算。

在实际应用系统中，由于泵浦光脉冲从光纤放大器输出后还需经过光纤分路器、传感光纤、光滤波器等部件才到达光探测器，这样可得出光脉冲经过光波分复用器、光滤波片插入损耗及传感光纤的传输损耗后完整的后向反斯克斯布里渊散射光功率：

$$P_{as}(T) = \frac{\nu}{2}E_0\frac{\exp(-h\Delta\nu/kT)}{1-\exp(-h\Delta\nu/kT)}\Gamma_{as}\eta_1\eta_2\eta_3\exp[-(\alpha_0-\alpha_{as})L] \qquad (4\text{-}20)$$

式中　　ν——光在光纤中的传输速度；

　　　　E_0——泵浦光脉冲的能量；

　　h、k——普朗克常数和玻尔兹曼常数；

　　　　$\Delta\nu$——光纤的布里渊频移量；

　　　　Γ_{as}——光纤单位长度上的后向反斯克斯布里渊散射光的散射系数；

α_0、α_{as}——入射泵浦光和反斯托克斯布里渊散射光在光纤中单位长度上的损耗系数；

　　　　L——对应光纤上某一测量点到测量起始点的距离；

　　　　T——该测量点处的绝对温度；

η_0、η_1、η_2——入射泵浦光通过光纤分路器进入传感光纤的光通过率、后向反斯托克斯布里渊散射光通过光纤分路器进入光滤波器的光通过率、后向反斯托克斯布里渊散射光通过光滤波器进入光探测器的光通过率。

由式（4-17）可知，当系统确定之后，参数 ν、h、k、$\Delta\nu$、Γ_{as}、α_0、α_{as}、η_0、η_1、η_2 不变，因此 $P_{as}(T)$ 只随 E_0、T 和 L 的变化而变化。进一步分析发现，$P_{as}(T)$ 与 E_0 成正比，且随 T 增加而增加，随 L 的增加而减小。根据实验系统所要达到的系统指标，系统工作温度范围为 $-20\sim120℃$，传感距离 4km，空间分辨率 1m。因此在进行计算时，将测量点取在传感光纤的最远端 4km 处，温度假定为 $-20℃$，脉冲激光器峰值功率为 10W，光脉冲宽度为 10ns。

通过已知的常量进行计算：$\nu=2\times10^8\,\mathrm{m/s}$，$\Gamma_{as}=4\times10^{-10}\,\mathrm{m}^{-1}$，$E_0=P\times\tau=10\times10\times10^{-9}$，$\eta_1\approx\eta_2\approx0.5$，$\eta_3\approx0.95$，$\exp[-(\alpha_0+\alpha_{as})L]\approx1.5$，$T=253\mathrm{K}$ 时，$\dfrac{\exp(-h\Delta\nu/kT)}{1-\exp(-h\Delta\nu/kT)}=0.089$。

把上述常量带入式（4-20）中可得 $P_{as}=1.41\times10^{-10}\,\mathrm{W}$。

由上面的计算结果可知，光探测器接收到的后向反斯托克斯布里渊散射光功率接近 nW 量级。光探测器探测到的后向反斯托克斯布里渊散射光完全淹没在噪声当中，因此要将信号光从噪声中提取出来，除了尽可能提高光探测器的探测灵敏度以外，必须采取有效的信号处理措施。

6. 光电检测器件的选择与特性分析

（1）光电检测器件的选择。光电检测是整个系统能否实现的关键所在。微弱后向散射信号转换为计算机可处理的电信号，有效地优化信噪比，均在于如何选择合适的光电检测器件。光电检测器件和检测方法有很多种，一般用光电导探测器来实现微弱信号的光电转换。

1）光电倍增管（PMT）。光电倍增管是一种早在 20 世纪 30 年代问世的真空电子器件，它是一种具有极高灵敏度和超快时间响应的光探测器件，可广泛应用于光子计数、极微弱光探测、化学发光和生物发光研究、极低能量射线探测，以及分光光度计、旋光仪、色度计、照度计、尘埃计、浊度计、光密度计、热释光量仪、辐射量热计、扫描电镜、生化分析仪等仪器设备中。光电倍增管是一种建立在光电子发射效应、二次电子发射和电子光学理论基础上的，把微弱入射光转换成光电子并获倍增的重要的真空光电发射器件。光电倍增管一般有直流工作方式和脉冲工作方式两种。光电倍增管的直流工作方式适用于长时间或重复性测量弱光事件，其脉冲工作方式适用于短时间或一次性测量弱光事件。要将光电倍增管用在时间过程快、光强变化大，并且是单次发生的冲击事件测量中，必须使其工作在脉冲状态下，以提高光电倍增管的动态范围，并通过一定措施增大信号幅度，以保证信号质量。光电倍增管广泛地应用于检测紫外、可见以及红外范围的电磁谱中的辐射能，而且在此范围内，是目前能够得到的最"灵敏"的辐射能检测器。而作为弱光探测的有力手段之一，微通道光电倍增管能在现有基础上克服暗电流大、线性差、寿命短等缺点。

光电倍增管的主要特性有以下几点：

a. 光谱响应。光电倍增管由阴极吸收入射光子的能量并将其转换为光子，其转换效率（阴极灵敏度）随入射光的波长而变化。这种光阴极灵敏度与入射光波长之间的关系称为光谱响应特性。一般情况下，光谱响应特性的长波段取决于光阴极材料，短波段则取决于入射窗材料。

b. 光照灵敏度。由于测量光电倍增管的光谱响应特性需要精密的测试系统和很长的时间，因此，要为用户提供光电倍增管的光谱响应特性曲线是不现实的，所以，一般是为用户提供阴极和阳极的光照灵敏度。阴极光照灵敏度，是指使用钨灯产生的 2856K 色温光测试的每单位通量入射光产生的阴极光电子电流。阳极光照灵敏度，是指每单位阴极上的入射光能量产生的阳极输出电流（即经过二次发射极倍增的输出电流）。

c. 电流放大（增益）。光阴极发射出来的光电子被电场加速后撞击到第一倍增极上将产生二次电子发射，以便产生多于光电子数目的电子流，这些二次发射的电子流又被加速撞击到下一个倍增极，以产生又一次的二次电子发射；连续地重复这一过程，直到最末倍增极的二次电子发射被阳极收集，这样就达到了电流放大的目的。这时光电倍增管阴极产生的很小的光电子电流即被放大成较大的阳极输出电流。一般的光电倍增管有 9~12 个倍增极。

d. 阳极暗电流。光电倍增管在完全黑暗的环境下仍有微小的电流输出，这个微小的电流称为阳极暗电流，它是决定光电倍增管对微弱光信号的检出能力的重要因素之一。

e. 磁场影响。大多数光电倍增管会受到磁场的影响，磁场会使光电倍增管中的发射电子脱离预定轨道而造成增益损失。这种损失与光电倍增管的型号及其在磁场中的方向有关。一般而言，从阴极到第一倍增极的距离越长，光电倍增管就越容易受到磁场的影响。因此，端窗型尤其是大口径的端窗型光电倍增管在使用中要特别注意这一点。

f. 温度特点。降低光电倍增管的使用环境温度可以减少热电子发射，从而降低暗电流。另外，光电倍增管的灵敏度也会受到温度的影响。在紫外和可见光区，光电倍增管的温度系数为负值，到了长波截止波长附近则呈正值。由于在长波截止波长附近的温度系数很大，所以在一些应用中应当严格控制光电倍增管的环境温度。

g. 滞后特性。当工作电压或入射光发生变化之后，光电倍增管会有一个几秒钟到几十秒钟的不稳定输出过程，在达到稳定状态之前，输出信号会出现一些微过脉冲或欠脉冲现象。这种滞后特性在分光光度测试中应予以重视。

2）光电二极管（PIN）。光电二极管是普遍应用于现代光通信和光传感领域的光电转换器件，主要是半导体 P-N 结（或者 P-I-N 结，I 表示本征的或未掺杂的），这种结构对于光电效应非常敏感。其工作原理：光电二极管通常工作在反向偏压的情况下，结的耗尽层内电子吸收光子能量；如果光子能量满足 $h\nu \geqslant E_g$ 或 $\lambda \leqslant hc/E_g$，则光生电子就从价带跃迁到导带，并在价带内产生空穴；在耗尽层电场的作用下，电子和空穴向反方向漂移，产生电流，这样就实现了光能量向电能量的转换。光电二极管的主要特性如下。

a. 响应度。光电探测器的响应度是描述光电二极管的重要参数，而探测器的量子效率则从量子方面反映了这一性质，它定义为每入射一个光子光电探测器所释放的平均电子数，表示为：

$$\eta = \frac{I_p/e}{P_0/h\nu} \tag{4-21}$$

式中　I_p——输出光电流；

　　　P_0——输入光功率；

　　　h——普朗克常量；

　　　e——电子电荷；

　　　ν——光在光纤中的传输速度。

用响应度 R 表示光电二极管的特性，它为输出光电流与输入光功率之比，即：

$$R = \frac{I_P}{P_0} = \frac{\eta e}{h\nu} \tag{4-22}$$

b. 响应时间。响应时间主要反映光电转换的速率，响应时间越小，光电转换速率越高。影响光电二极管响应时间的因素有 3 个：与结电容和尾部电路电阻相关的时间常数；载流子至耗尽层的扩散时间；载流子通过耗尽层的漂移时间。

c. 灵敏度。灵敏度是用于表示光电二极管检测小功率信号能力最重要的参数。灵敏度是光电二极管对于所给的信号带宽所能检测的最小信号功率，它与信噪比有关。对于灵敏度，必须要考虑结散粒噪声和负载电阻热噪声两个噪声源。

3）雪崩光电二极管。雪崩光电二极管就是带有雪崩增益的光电二极管，它具有光电转换效率高、频带宽、噪声小、功耗低等优点。其主要特性与光电二极管相似，包括响应度、量子效率、响应时间、暗电流和响应波长范围等。

　　光电倍增管作为弱光探测的有力手段之一，能够适应很多场合的光电检测；但对于分布式光纤检测系统来说，系统的微弱信号检测条件极为苛刻。光电倍增管的不足在于暗电流大、线性差、寿命短等。雪崩光电二极管与光电倍增管相比较，除了能够克服光电倍增管的缺点外，还具有体积小、结构紧凑、工作电压低、使用方便等优点。

　　雪崩光电二极管与光电二极管的基本工作原理相仿；在同样负载条件下，前者具有更高的灵敏度，并具有较大的内部增益，从而降低了对前置放大器的要求，只是需要加上几十伏到几百伏的电压，不过这也恰好是分布式测温系统所需要的。此外，雪崩光电二极管的性能与入射光功率有关，通常当入射光功率在 1nW 至几微瓦时，倍增电流与入射光具有较好的线性关系；但当入射光功率过大，雪崩增益 M 反而会降低，从而引起光电流的畸变。根据相关测量表明，只有当入射光功率小于 10^{-5} W 时，光电流二次谐波畸变才小于 -60dB。因此，在实际探测系统中，当入射光功率较小时，多采用雪崩光电二极管。此时，雪崩增益引起的噪声贡献不大。相反，在入射光功率较大时，雪崩增益引起的噪声占主要优势，并可能带来光电流失真，这时采用雪崩光电二极管带来的好处不大，采用光电二极管更为恰当。根据前面对进入光电检测器光功率的估算，采用雪崩光电二极管作为光电检测器件是最佳选择。

　　(2) 雪崩光电二极管特性分析。

　　1) 雪崩光电二极管的工作机理。雪崩光电二极管作为系统的光电检测器，其基本的工作机理是光生电子或者空穴经过高场区时被加速，从而获得足够的能量，它们在高速运动中与晶格碰撞，使晶体中的原子发生电离，这个过程称为碰撞电离。通过碰撞电离之后产生的电子空穴对，称为二次电子空穴对。新产生的电子和空穴在高场区中运动又被加速，有可能碰到别的原子，这样多次碰撞电离的结果，使载流子迅速增加，反向电流迅速加大，形成雪崩倍增效应，从而得到 M 倍的光电流增益。雪崩光电二极管就是利用雪崩倍增效应使得光电流倍增的高灵敏度光电检测器。

　　雪崩光电二极管的电流增益用雪崩增益 M 表示，通常定义为倍增的光电流 I_0 与不发生雪崩效应时的光电流 I_i 之比。雪崩增益与 PN 结上所加的反向偏压 U 和 PN 结的材料有关，可以表示为：

$$M = \frac{I_0}{I_i} = \frac{1}{1 - (U/U_B)^n} \tag{4-23}$$

式中　U_B——雪崩光电二极管击穿电压；

U——雪崩光电二极管上外加反向偏置偏压；

n——$n=3\sim6$，取决于半导体材料、掺杂分布以及辐射波长。

当外加电压 U 增加到接近 U_B 时，M 将趋近于无穷大，此时 PN 结将发生击穿。应用中，最佳工作电压不宜超过 U_B，否则会不稳定进入击穿；也不宜太小，否则会没有雪崩倍增效应。实验中，雪崩光电二极管的雪崩电压并不是一个点，而是有一个电压范围，即雪崩有一个过程。此外，温度的变化也会影响雪崩光电二极管的雪崩增益。Si-APD（硅雪崩光电二极管）的电压—温度—增益的关系曲线如图 4-25 所示。

2）雪崩光电二极管的主要性能指标。雪崩光电二极管的一些电气特性对于器件本身的选择和整个光电检测器的构成都具有一定的指导意义，因为它是承接光路部分和信号处理部分的重要桥梁。雪崩光电二极管的种类主要依据其 PN 结所掺杂质，可分为硅雪崩光电二极管（400～1100nm），锗雪崩光电二极管（80～1550nm），砷化铟镓雪崩光电二极管（900～1700nm），其通用性能指标如下。

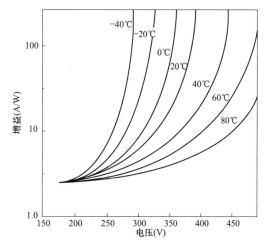

图 4-25　Si-APD 的电压—温度—增益关系曲线

a. 响应度。响应度为探测器的输出信号电流 I_P 与入射光功率 P_0 之比，也就是单位入射光功率作用下探测器的输出信号电流，即 $R=I_P/P_0$（A/W），反映了探测器对光信号的探测能力。

b. 暗电流。在理想条件下，当没有光照时，光电检测器应无光电流输出。但是，实际上由于热激发、宇宙射线或放射性物质的激励，在没有光照射的情况下，光电流检测器的输出仍有电流，这种电流称为暗电流。

c. 噪声等效功率。入射到探测器的光功率通常按某一频率变化，当探测器输出信号电压的有效值等于噪声电压均方根值时，所对应的入射光功率称为噪声等效功率 NEP。噪声等效功率越小，探测器性能越好；NEP 的倒数称为探测度 D。

d. 量子效率。表示入射到探测器表面的单个光子所能产生的光电子的数目，量子效率越大越好。

e. 时间常数。指在阶跃输入光功率的条件下，光电探测器输出电流上升到稳态值 0.63 倍的时间，表示探测器的惰性。

f. 线性度。指探测器的输出光电流（或光电压）与输入光功率成线性变化的程度和范围。

7. 光纤测温点的位置定位

光纤测温点的位置定位，即系统的空间分辨率，是指分布式光纤温度传感系统能分辨温度的最小空间间隔，其描述了传感系统对光纤沿线温度场所达到的分布式程度，主要由以下三个因素确定。

（1）光脉冲宽度 Δt 确定的空间分辨率。光电探测器在某个时刻探测到的光能量并不是光纤上某一个点 L 处的后向散射光能量，因为光脉冲总是有一定宽度的，点 L 处 $L \sim L + \nu \Delta t / 2$ 的一小段光纤后向散射光总是能够同时到达光电探测器，所以实际探测到的是 $L \sim L + \nu \Delta t / 2$ 这段光纤上的后向散射光能量的贡献总和。因此，由光脉冲宽度确定的空间分辨率如下：

$$\sigma L_1 = \nu \Delta t / 2 \tag{4-24}$$

式中　ν——光在光纤中的传输速度，$\nu = c/n$；

　　　c——光在真空中的速度；

　　　n——光纤折射率。

（2）光电探测器响应时间 τ 确定的空间分辨率。由于光电探测器总是存在一定响应时间 τ，在响应时间 τ 内，光纤上点 L 处 $L \sim L + \Delta L$ 的一小段光纤上的后向散射光都将到达光电探测器，响应时间 τ 一过，光电探测器就像开关打开一样，该部分后向散射光就一起被光电探测器接收，进行光电转换。由于响应时间 τ 的存在，即使脉冲宽度 Δt 趋于 0，传感系统的空间分辨率也不趋于零，而是由 τ 值确定，因此由响应时间 τ 确定的空间分辨率如下：

$$\sigma L_2 = \nu \tau / 2 \tag{4-25}$$

（3）AD 卡 A/D 转换时间 t_{AD} 确定的空间分辨率。AD 卡对数据进行采样并不是连续的，由于每次进行 A/D 转换都需要时间 t_{AD}，因此，传感器系统后续处理中的 A/D 转换所需要的时间 t_{AD} 确定的空间分辨率如下：

$$\sigma L_3 = \nu t_{AD} / 2 \tag{4-26}$$

综合以上分析，分布式光纤温度传感系统的空间分辨率为：

$$\sigma L = \max\{\sigma L_1, \sigma L_2, \sigma L_3\} = \max\left\{\frac{\nu \Delta t}{2}, \frac{\nu \tau}{2}, \frac{\nu t_{AD}}{2}\right\} \tag{4-27}$$

由式（4-27）可知，系统的空间分辨率主要受光脉冲宽度 Δt、光电探测器响应时间 τ 和 AD 卡 A/D 转换时间 t_{AD} 的影响。因此，可以通过压缩光脉冲宽度、选择响应时间较短的光电探测器和采用高 A/D 转换速率的 AD 卡来提高系统的空间分辨率。

目前对空间分辨率的测量有多种方法，最直观的方法是在光纤的某局部位置绕制两个相邻的光纤圈；光纤圈间隔可设置为一定长度，将两个相邻的光纤圈加热，如果能分辨两个温度峰（按瑞利判据，驼峰比小于 0.811 即可分辨），则系统的分辨率小于此长度值。此外还有两种方法，一种是绕制不同长度的光纤圈，将这些光纤圈放进恒温箱中加热，如果光纤圈长度小于空间分辨率，则测出的温度就会小于实际的温度；如果光纤圈长度大于空间分辨率，测出的温度就会等于实际温度。另一种方法是通过测量光纤尾部的菲涅尔反射半宽度来估计系统的空间分辨率。在光纤尾部，光纤的折射率和外部环境不同，会产生菲涅尔反射。因为产生菲涅尔反射的截面宽度很小，所以菲涅尔反射可以等效为在光纤的尾部加上了一个宽度趋近于零的温度包，这样尾部的脉冲包就可以看成是整个系统的冲击响应函数，因此其半宽度可以直接说明系统能够分辨的最小距离，即系统的空间分辨率。

（4）时间分辨率。时间分辨率是指测量系统对测量温度场完成指定的温度分辨率测量所需要的时间，它体现了测量系统实时温度监测的程度。依据拉曼散射信号的噪声特性，目前大部分测量系统采用实时累加平均的方法来提高信噪比。如果完成一次测量的时间为 Δt，则进行 N 次累加所用的时间为 $N\Delta t$。所以系统的测量时间，即时间分辨率 σt 可表示为：

$$\sigma t = N/f \tag{4-28}$$

式中　f——入射光脉冲的重复频率。

可见，累加平均次数虽然可以提高系统的信噪比，但是以增加系统响应时间为前提。另外，为了保证单脉冲方式工作（分布式光纤传感检测的基本要求），入射光脉冲的重复频率应当满足：

$$f \leqslant \frac{\nu}{2L} \tag{4-29}$$

式中　ν——光在光纤中的传输速度；

　　　L——传感光纤的长度。

例如，假定传感光纤总长度为 5km，并要求系统响应时间不大于 5s，则由式（4-28）和式（4-29）可计算得到信号处理时的累加平均次数不超过 10^5。实际应用中，可根据测量精度要求，调整累加平均次数从而改变测量时间。

4.2.1.4 分布式光纤测温系统软件模块的研发

进行分布式测温光纤的光、电信号处理和测量后，还需要系统软件根据相关理论模型和各种修正参数对原始数据进行计算和处理，从而得到整条光纤的温度分布信息。

1. 系统的应用层软件框架

分布式光纤测温系统的应用层软件框架如图 4-26 所示。

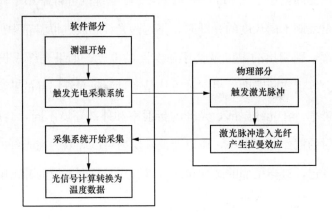

图 4-26 分布式光纤测温系统的应用层软件框架示意图

2. 系统的交互层软件框架

分布式光纤测温系统的交互层软件框架如图 4-27 所示。

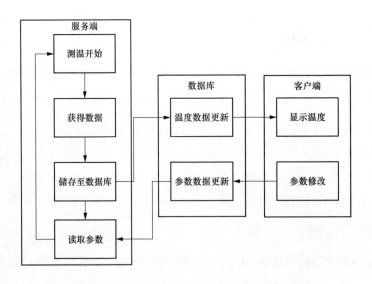

图 4-27 分布式光纤测温系统的交互层软件框架示意图

4.2.1.5　研发和应用的技术难点及解决方案

在国内，分布式光纤测温系统已经有厂家生产，但监测距离一直局限在 10km 以内，而且只能使用多模光纤进行监测；这是因为光纤中的返回信号的衰减随光纤传输距离的增加呈指数增加，光纤超过 10km 后返回的信号非常微弱。如果采用单模光纤，其返回光信号弱，但每千米光信号损耗小，输电线路中常把单模通信光纤作为接入光纤，因此选用单模光纤作为接入光纤的分布式光纤测温系统。

如前所述，用作分布式光纤测温系统检测的斯托克斯和反斯托克斯信号都是 nW 级的信号，即使是直接使用多模光纤，信号也很微弱，信号再降低两个数量级后对系统的测量精度要求非常高。为了能够对这样微弱的信号进行监测，采取一系列硬件和软件的方法对分布式光纤测温系统进行优化，最终实现了 30km 单模光纤的高精度和空间分辨率的在线监控。

1. 硬件解决方案

（1）光电转换电路。光电转换电路选用超高灵敏度的雪崩光电二极管，并采用多级高精度运算放大器对信号进行放大。考虑到光电转换电路的带宽和系统最终的空间分辨率相关，在增加放大倍数的情况下不能够牺牲光电转换带宽。经综合考虑，设计光电解调电路，经分版 PCB 印刷制成光电转换电路，光电转换电路 PCB 板如图 4-28 所示。利用 400MHz 带宽的示波器测试，通过信号发生器控制激光光源发出激光脉冲信号，经多级衰减至纳瓦（nW）量级，接入光电转换电路，可转换至百毫瓦（mW）量级。

（2）负反馈装置。雪崩光电二极管的增益倍数受温度和电压影响，必须对温度或电压进行负反馈控制。考虑到温度的控制可以使雪崩光电二极管的稳定性更高，采取温度负反馈调整方式，设计高精度温度测量电路。经测试，该电路可将雪崩光电二极管核心部分控制至

图 4-28　光电转换电路 PCB 板

$\pm 0.05℃$的波动范围内，实现了对雪崩光电二极管增益倍数的良好控制。

2. 系统整机测量模块的信噪比优化及实验

（1）系统测量模块的噪声来源分析。在拉曼分布式光纤温度传感系统中，携带有温度信

息的后向拉曼散射光是极其微弱的，其大小只有皮瓦（pW）量级，而温度变化引起的拉曼散射光的变化则更加微弱，因此提高系统信噪比是整个传感系统设计的关键。

雪崩光电二极管光电探测电路噪声源如图 4-29 所示，$<i_{AS}>$表示光电探测器输出的后向反斯托克斯拉曼散射光电流，i_s 表示雪崩光电二极管散粒噪声，i_T 表示雪崩光电二极管源电阻的热噪声，i_{LD} 是激光源噪声，表征系统所用半导体脉冲激光器发光面光强分布不均匀及激光器前后发出的光脉冲在功率上的变化，R_s 表示光电探测器源电阻，E_n、I_n 分别为雪崩光电二极管光电探测器前置放大器 $E_n - I_n$ 模型的两个噪声参数，Z_i 为前置放大器输入阻抗，K_V 为前置放大器增益，U_{so}、E_{no} 分别为前置放大器输出端信号和噪声电压。

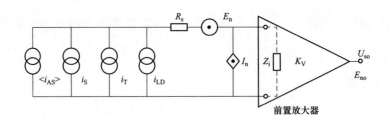

图 4-29　雪崩光电二极管光电探测器噪声源示意图

1）激光源噪声。对于半导体脉冲激光器发光面上各点发光强度不同的影响，一旦光纤和激光器之间耦合固定，激光器的这种不均匀性对注入光纤的光脉冲功率的变化不存在影响。而对于激光器前后所发光脉冲功率不同的影响，由于这种传感系统被测量的后向反斯托克斯拉曼散射信号是以后向斯托克斯拉曼散射信号为参考，此解调方法本身消除了光源发光不稳定以及光纤微弯造成局部损耗增加等非温度因素对温度信号的影响。因此，下面的分析中不再包含激光源噪声。

2）雪崩光电二极管的噪声。雪崩光电二极管的噪声主要由其自身产生的散粒噪声和源电阻的热噪声组成。雪崩光电二极管自身源电阻的热噪声方差可表示为：

$$\sigma_{Rs}^2 = \frac{4kT}{R_s}\Delta f \qquad (4\text{-}30)$$

式中　Δf——雪崩光电二极管工作带宽；

$\quad\quad R_s$——雪崩光电二极管的源电阻；

$\quad\quad k$——玻尔兹曼常数；

$\quad\quad T$——雪崩光电二极管工作温度。

雪崩光电二极管的输出噪声电压为：

$$E_{\mathrm{ns}} = \sigma_{\mathrm{APD}} R_{\mathrm{s}} = \sqrt{2eM^2 F_{\mathrm{A}}(<i_{\mathrm{AS}}>+i_{\mathrm{B}}+i_{\mathrm{D}})\Delta f R_{\mathrm{s}}^2 + 4kT\Delta f R_{\mathrm{s}}} \tag{4-31}$$

3）雪崩光电二极管光电探测器的前置放大器噪声。任何放大器本身就是一个噪声源。一个放大器是由许多有源器件（电子管、晶体管、集成电路等）和无源器件（电阻、电感、电容等）组成的，它们都会引起噪声。放大器和光电探测器一样也包含许多噪声源，通常有热噪声、散粒噪声、电流噪声等。为了简化对放大器噪声的分析，通常把放大器归结为只含有 E_{n} 和 I_{n} 两个噪声参数的放大器噪声模型，这些参数可通过测量获得。这样使放大器噪声的分析和计算更加直观和方便，放大器的 $E_{\mathrm{n}} - I_{\mathrm{n}}$ 噪声模型如图 4-30 所示。

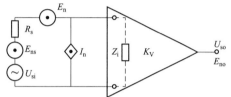

图 4-30　放大器的 $E_{\mathrm{n}} - I_{\mathrm{n}}$ 噪声模型示意图

在图 4-30 所示的模型中，把放大器内所有噪声源都折算到输入端，即用阻抗为 0 的噪声电压发生器 E_{n} 和输入端串联，用阻抗为无穷大的噪声电流发生器 I_{n} 和输入端并联。而放大器本身被假设为一个无噪声的理想放大电路。图 4-30 中 U_{si} 为信号电压，R_{s} 为光电探测器源电阻，E_{ns} 为雪崩光电二极管输出噪声电压，Z_{i} 为放大器输入阻抗，K_{V} 为放大器增益，U_{so}、E_{no} 分别为放大器输出端信号和噪声电压。

雪崩光电二极管前置放大器输出端总噪声为：

$$E_{\mathrm{no}}^2 = \left(\frac{K_{\mathrm{V}} Z_{\mathrm{i}}}{R_{\mathrm{s}} + Z_{\mathrm{i}}}\right)^2 (2eM^2 F_{\mathrm{A}}(<i_{\mathrm{AS}}>+i_{\mathrm{B}}+i_{\mathrm{D}})\Delta f R_{\mathrm{s}}^2 + 4kT\Delta f R_{\mathrm{s}} + E_{\mathrm{n}}^2 + I_{\mathrm{n}}^2 R_{\mathrm{s}}^2) \tag{4-32}$$

4）雪崩光电二极管光电探测器输出端信噪比。雪崩光电二极管光电探测器输出端信噪比为：

$$SNR = \frac{U_{\mathrm{so}}}{E_{\mathrm{no}}} = \frac{M<i_{\mathrm{AS}}>}{\sqrt{2eM^2 F_{\mathrm{A}}(<i_{\mathrm{AS}}>+i_{\mathrm{B}}+i_{\mathrm{D}})\Delta f + 4kT\Delta f/R_{\mathrm{s}} + E_{\mathrm{n}}^2/R_{\mathrm{s}}^2 + I_{\mathrm{n}}^2}} \tag{4-33}$$

从雪崩光电二极管光电探测器输出的信号及噪声，需经后续主放大电路进一步放大后才经 AD 卡进行模数转换。主放大电路噪声分析方法与雪崩光电二极管前置放大器噪声分析方法类似，这里不再赘述。若前置放大器增益 K_{V} 足够大，那么对于多级放大电路而言，其输出总噪声主要由前置的输出噪声决定，整个光电探测电路的信噪比近似满足式（4-33）。

由式（4-33）可知，系统信噪比主要受以下因素影响。

a. 雪崩光电二极管光电探测器光电转换输出的信号光电流 $<i_{AS}>$。随着信号光电流 $<i_{AS}>$ 的增加，系统信噪比随之增加。

b. 雪崩光电二极管的雪崩增益 M。可以看出，随着雪崩增益 M 的增大，信号功率将随之迅速增大，噪声功率也将随之增加。若雪崩增益 M 继续增加，噪声也继续增大，达到与电路噪声相当甚至超过的程度。因此，雪崩光电二极管存在一个最佳雪崩增益 M_{opt}。当信号超过这个最佳值时，噪声比信号增加得更快，系统信噪比严重恶化。

最佳雪崩增益 M_{opt} 可以通过系统信噪比对雪崩增益 M 求导得到，即：

$$M_{opt} = \left[\frac{4kT\Delta fR_s + E_n^2 + I_n^2R_s^2}{ne(<i_{AS}> + i_B + i_D)\Delta fR_s^2} \right]^{1/(2+n)} \tag{4-34}$$

c. 雪崩光电二极管光电探测器工作带宽 Δf。随着光电探测器工作带宽 Δf 的增加，光电探测器的散粒噪声和热噪声将随之增大，而对信号功率却无影响，这将使系统信噪比恶化。然而，一定的工作带宽是保证信号成功传输的基本要求；因此在选择雪崩光电二极管光电探测器工作带宽 Δf 时，以保证信号成功传输要求为主，达到此要求后，Δf 无须再加宽，否则将使系统信噪比恶化。

d. 雪崩光电二极管暗电流 i_D、输出背景光噪声电流 i_B。由式（4-34）可知，当雪崩光电二极管暗电流 i_D 或是背景光噪声电流 i_B 增大，光电探测器散粒噪声增加，从而使系统信噪比出现一定程度的恶化。

（2）提高系统信噪比的方法。自光纤反射回来的拉曼散射信号极其微弱，经过光电探测器转换为电信号后，信号完全淹没在噪声中，因此，有必要采取一定的措施来提高系统的信噪比，主要通过以下几种途径来实现。

1）提高系统输出信号功率。提高系统输出信号功率有两种方法：①增加注入传感光纤的光功率，后向拉曼散射光信号功率随之增加，进而光电探测器光电转换输出的光电流也相应地增加，但入射光功率不能超过受激拉曼散射阈值；②选取合适的雪崩光电二极管雪崩增益 M。由前面分析可知，雪崩光电二极管存在最佳雪崩增益 M_{opt}，可以通过调节雪崩光电二极管反向偏压使雪崩光电二极管工作在最佳雪崩增益 M_{opt} 处。

2）系统噪声的抑制。系统噪声主要包括暗电流噪声、背景光噪声、电路噪声等。为减小系统噪声，可以从噪声源头入手。对于暗电流噪声，应尽量选取暗电流小的雪崩光电二极管；对于背景光噪声，其主要是来源于后向瑞利散射光的串扰，因此抑制背景光噪声的主要方法是通过选取滤波效果好的波分复用器来实现；对于电路噪声，选取低噪声前置放大是一个有效的噪声抑制方法。

3）实时累加平均方法。在分布式光纤温度测量系统中，由于拉曼散射光信号微弱，单次采集得到的信号完全淹没在噪声中，而采集到的拉曼散射信号中的噪声主要是随机噪声。随机噪声是一种前后独立的平稳随机过程，在任何时候其幅度、相位、波形都是随机的，可看作白噪声，累加平均方法在消除白噪声方面有很好的效果。因此，在信号处理中，可通过累加平均方法提高系统信噪比。

设测量得到的信号为：

$$f(t) = U_s(t) + E_n(t) \tag{4-35}$$

式中　$U_s(t)$——有用的周期信号；

$E_n(t)$——噪声。

单次采集信号的信噪比为：

$$SNR_i = \frac{U_s(t)}{E_n(t)} \tag{4-36}$$

经过 M 次累加后的信噪比为：

$$SNR_o = \frac{MU_s(t)}{\sqrt{M}\,E_n(t)} = \sqrt{M}SNR_i \tag{4-37}$$

式（4-37）表明，经过 M 次累加后，信噪比提高为原来的 $\sqrt{M}$ 倍。随着累加次数越多，信噪比改善越大。因此，适当的选取累加次数，就可以从强噪声的背景中将微弱信号提取出来。

（3）采用信噪比优化后的实验结果。在拉曼光纤温度传感系统的信噪比优化实验中，光源选取半导体脉冲激光器，激光输出波长为 1550nm，重复频率 4Hz，激光脉冲宽度选取 100ns，激光输出峰值功率为 0.9W。传感光纤选用 G.652 普通单模光纤，反斯托克斯拉曼散射光波长为 1451nm，斯托克斯拉曼散射光波长为 1663nm，滤波器选用波分复用器，其隔离度大于 35dB。雪崩光电二极管光电模块采用波长为 1550nm 的 InGaAs 高量子效率的雪崩光电二极管和低噪声的运算放大器，实现微弱光信号的光电转换及放大，该模块带宽 50MHz。AD 卡采用专为拉曼光纤传感系统研发的 AD 卡：双通道采样、100MHz 带宽、12位采样精度、自带实时累加平均功能。

由前面的测温原理分析可知，要进行传感光纤沿线温度的测量，必须先在室温（25℃）下进行基线的采集，然后再对传感光纤局部加温进行温度测量实验。在进行实验之前，选取

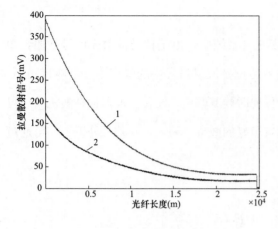

图 4-31　室温下的拉曼散射信号示意图

1—斯托克斯信号；2—反斯托克斯信号

长度为 24.73km 的传感光纤，在其尾端 20m 处绕 40m 的光纤圈。室温下采集得到的拉曼散射信号如图 4-31 所示。

图 4-31 是经过 16384 次累加平均后得到的拉曼散射信号。采集得到室温下拉曼散射信号（基线）后，将 40m 的光纤圈放入恒温箱，调节恒温箱至 70℃，可得到反斯托克斯拉曼散射信号如图 4-32 所示，24.7km 处光纤的反斯托克斯拉曼散射信号细节如图 4-33 所示。

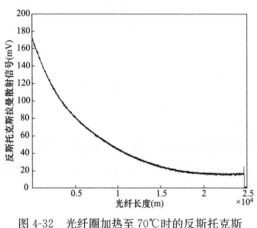

图 4-32　光纤圈加热至 70℃时的反斯托克斯
拉曼散射信号示意图

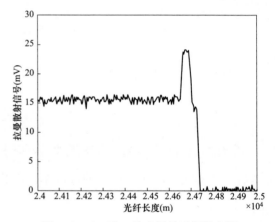

图 4-33　24.7km 处光纤的反斯托克斯
拉曼散射信号细节示意图

　　为进一步验证光纤温度与拉曼散射信号的关系，将恒温箱分别调至 40、50、60、70℃，可得到在不同温度下 40m 光纤圈附近的反斯托克斯拉曼散射信号，如图 4-34 所示。

　　从图 4-34 可以看出，光纤在不同温度下，随着温度的升高，拉曼散射信号逐渐增强。通过解调公式可得到传感光纤沿线的温度分布，如图 4-35 所示。由于采用了提高累加平均次数的方法，提高了系统信噪比。但是累加次数过多会带来系统响应时间的降低，因此累加次数要限制在一定的范围内。

3. 采用小波变换降低系统噪声

　　通过提高累加平均次数可提高测温精度，但这种方法以牺牲系统响应时间为代价，累加

96

平均次数增加一倍，而信噪比只提高约 40％。随着累加平均次数的增加，响应时间急剧增加，而系统信噪比提高却越来越不明显。因此，采用累加平均结合小波变换的方式进行信号的去噪，从而提高系统的测量精度，使系统实用化。

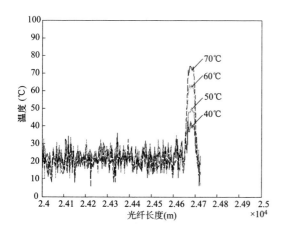

图 4-34　不同温度下 40m 光纤圈附近的　　　　图 4-35　传感光纤沿线的温度
反斯托克斯拉曼散射信号示意图　　　　　　　　　分布示意图

（1）小波去噪原理。信号与噪声在小波变换各尺度上的模极大值具有截然不同的传播特性，通过观察不同尺度上的小波变换模极大值的渐变规律，模极大值点的分布规律，从所有小波变换模极大值中选择信号的模极大值，而去除噪声模的极大值，将信号与噪声分离，实现小波去噪。

（2）采用小波变换提升导线测温系统信噪比实验。分布式光纤传感系统中散射回来的信号具有如下特点：

1）信号非常微弱，信噪比很低，有用信号淹没在噪声中。

2）光在光纤中传输存在损耗，散射信号随传输距离增加呈指数衰减，且在光纤尾端可能存在很强的端面反射。

3）有用信号频率较低，而噪声频率宽，分布在整个频率范围内。

4）系统中绝大多数为随机噪声，它是一种前后独立的平稳随机过程，在任何时候其幅度、波形及相位都是随机的，可看作白噪声。此外，信号中还存在少量瞬时脉冲。

图 4-36 所示为经过 16384 次累加平均和在此基础上进行小波去噪的拉曼散射信号曲线。从图 4-36 中可以看出，经小波去噪后，信噪比得到很大提升。

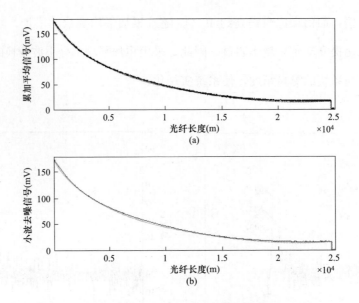

图 4-36 累加平均和小波去噪的拉曼散射信号示意图

(a) 累加平均信号；(b) 小波去噪信号

为进一步验证小波去噪效果，对不同温度下的拉曼散射信号进行小波去噪，得到去噪后的拉曼散射信号，如图 4-37 所示。

从图 4-37 可以看出，经小波去噪后，信噪比有很大提高。通过解调公式可得到经过小波去噪后的光纤沿线的温度分布，如图 4-38 所示。

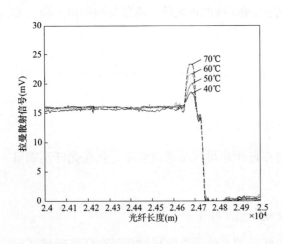

图 4-37 不同温度下经过小波去噪后的
拉曼散射信号示意图

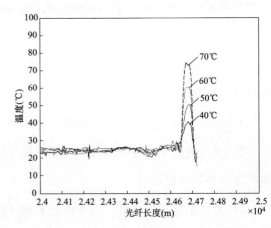

图 4-38 经过小波去噪后的光纤沿线的
温度分布示意图

从图 4-38 可以看出，在 24.7km 的长度下，解调温度精度与只采用累加平均进行温度解调情况相比，有显著提高。

实验证明，采用累加平均与小波去噪相结合的方式可以有效地提高拉曼光纤传感系统测温精度。

4.2.2　输电线路载流量分析系统

研究表明，线路输电能力与导线运行温度有直接关系，因此，专家学者从提高输电线路最高允许温度的角度出发，提出了静态提温增容技术。在电网的实际运行中，为了防止输电线路负荷增加时产生过热故障，各国电力部门制定了输电线路静态热容量极限值，在线路设计时以该极限值校核导线最大输电容量。而线路温度能比较准确地反映输电线的载流量情况，若能实时监控整条输电线路的温度分布，则可以掌握线路载流量信息，测得线路允许的最大负荷承受能力，为安全提高线路载流量提供指导依据。

4.2.2.1　导线载流量计算原理

导线载流量与导线所处气象条件，如环境温度、风速、日照强度等有关。在计算导线安全载流量时，主要原则是让导线不超过某一温度值；其目的在于使导线在长期运行或在事故条件下，不致由于导线的温升而影响导线强度，以保证导线的使用寿命。我国规定，钢芯铝绞线和钢芯铝合金绞线的允许温度为70℃（大跨越情况下的允许温度为90℃）。

对于载流量的计算，世界各国采用的方法不尽相同，其中适用于雷诺系数为100～3000时，即环境温度为40℃、风速为0.5m/s，导线温度不超过120℃，直径为4.2～100mm导线的载流量计算，即摩尔根公式：

$$I_{T} = \sqrt{\dfrac{9.92\theta(\nu D)^{0.486} + \pi\varepsilon\sigma D\left[(\theta + T_{a} + 273)^{4} - (T_{a} + 273)^{4}\right] - \alpha_{s}I_{s}D}{K_{T}R_{dT}}} \tag{4-38}$$

式中　θ——导体的载流温升，℃；

ν——风速，m/s；

D——导线外径，m；

ε——导线表面辐射系数；

I_{s}——日照强度，W/m²；

σ——斯忒藩-玻尔兹曼常数，$\sigma = 5.6 \times 10^{-8}$W/（m²·K⁴）；

T_{a}——环境温度，℃；

α_{s}——导线吸热系数；

K_T——$T=\theta+T_a$ 时的交直流电阻比；

R_{dT}——导线温度为 T 时的直流电阻，Ω。

由式（4-38）可以看出，在比较全面地考虑各种参数的情况下，导线载流量与其电阻率、环境温度、导线温度、风速，日照强度、导线表面状态（辐射系数和吸热系数）、空气传热系数和运动黏度等因素有关。

4.2.2.2 导线温度对其载流量的影响

对于导线安全运行的载流量，主要以导线的温度作为判据。根据式（4-38），当环境温度为 40℃，风速 0.5m/s，日照强度为 1000W/m²，辐射系数、吸热系数均为 0.9 时，对于 210~800mm² 截面积的钢芯铝绞线，其温度由 70℃提升到 80℃时，载流量可提高 24%~27%。而对同样的载流量情况，提高温度后对导线的截面积要求也可降低。

4.2.2.3 实时监测导线温度、有效提升其安全载流量

在输电线路的日常应用中，传统手段很难实现对长距离输电线路的温度实时监测，因此实际的导线运行温度远低于国家规定的 70℃，实际载流量也大大低于线路安全运行的载流量上限，相当于浪费了一部分输电线路的能源输运能力。

采用基于光电复合缆的分布式光纤测温系统，对输电线路整体的温度分布进行实时监测，就可以在载流量增加的时候，通过探知整条输电线的温升情况，使导线温度接近安全载流量温度，为线路是否达到其安全载流量上限提供准确可靠的判断依据。

1. 载流量分析系统的特点

（1）有效地对导线温度进行实时监测，对导线温度过高或温升速度过快进行报警，并实时确定导线线芯实际工作温度。

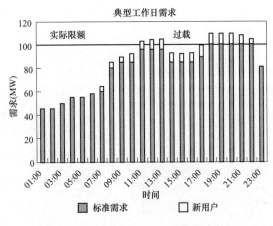

图 4-39 导线载荷在一天中的需求数据

（2）在监测数据和负荷状况的基础上动态计算导线额定载流量，实时评估导线短时间过负荷能力，保障导线的安全使用和导线传输能力的优化利用。

2. 通过载流量分析优化输电线载荷

结合图 4-39 所示的输电线路日常不同时间段的载荷需求数据和图 4-40 所示的在这些时间导线的温度分布数据，可分析出

各时间段的输电线载荷能力冗余空间，从而人为控制提升载流量的程度，如此可提升 50％ 左右输电线载流能力。

当系统测得线路温度距离安全温度还有较大温差时，供电部门可放心可靠地提升线路载流量；同时，由于系统能够对老化等线路薄弱部分进行快速准确定位使之得以被及时修复排除，也为安全提升整条线路的负载能力提供了有力的保障。

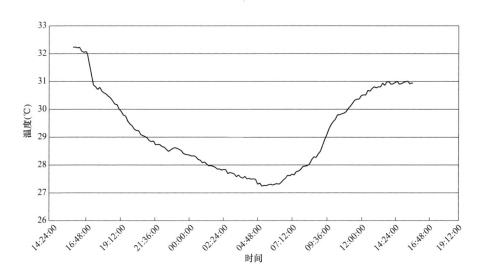

图 4-40　输电线温度分布监测的时间曲线

4.2.3　测温系统的实验

4.2.3.1　温度精度测试

温度精度测试如图 4-41 所示，采用的测试仪器包括高低温湿热试验箱（EW0470）、热电偶（K 型）、手持式测温仪（54Ⅱ），测试条件及结果见表 4-24。

图 4-41　温度精度测试

表 4-24 温度精度测试条件及结果

检验项目	技术要求	测试条件及现象描述			测试结果
温度精度测试	将测温光纤放入恒温箱中，待设备读取测温光纤处的温度稳定后，对温度值进行 10 次读取，算出测温精度（即恒温箱实际温度与光纤测量温度差值的绝对值），光纤的测温精度应小于2℃	将测温光纤放入（59±1）℃恒温箱中，设备读取测温光纤处的温度稳定后，对温度值进行 10 次读取。读取数据如下：			符合
		实际温度（℃）	测量温度（℃）	测温精度（℃）	
		58.7	57.5	1.2	
		58.7	57.3	1.4	
		58.7	57.5	1.2	
		58.7	57.5	1.2	
		58.7	57.5	1.2	
		58.7	57.5	1.2	
		58.7	57.6	1.1	
		58.7	57.5	1.2	
		58.7	57.5	1.2	
		58.7	57.5	1.2	

注 测量点位于 25245m 处，光纤总长为 30010m。

4.2.3.2 响应时间测试

响应时间测试采用的测试仪器是电子秒表（J9-2Ⅱ），测试条件及结果见表 4-25。

表 4-25 响应时间测试条件及结果

检验项目	技术要求	测试条件及现象描述	测试结果
响应时间测试	将测温光纤放入热水中，待读取设备出现温度变化，记录这段时间即为响应时间，响应时间应小于 50s	将测温光纤放入热水中，读取设备在 40s 时温度出现跳变，即响应时间为 40s	符合

注 系统的刷新时间为 25s。

4.2.3.3 空间分辨率测试

空间分辨率的测试仪器采用高低温湿热试验箱（EW0470），测试条件及结果见表 4-26。

表 4-26 空间分辨率测试条件及结果

检验项目	技术要求	测试条件及现象描述	测试结果
空间分辨率测试	将测温光纤放入恒温箱中，待读取设备出现温度变化时，记录温度曲线上升 10％与 90％处的位置，并求两个位置的差值，差值即为空间分辨率。空间分辨率应小于 5m	将测温光纤放入恒温箱中，待读取设备出现温度变化时，温度曲线上升 10％时的位置为 25131m，温度曲线上升 90％时的位置为 25134m。空间分辨率为 3m	符合

4.2.3.4　射频电磁场辐射抗扰度测试

射频电磁场辐射抗扰度测试如图 4-42 所示，测试仪器有信号源（SMB 100A）、堆叠式对数周期天线（9128D）、功率放大器（CBA 1G-1000），测试条件及结果见表 4-27。

图 4-42　射频电磁场辐射抗扰度测试

表 4-27　　　　　　　　　射频电磁场辐射抗扰度测试条件及结果

测试模式：正常测量环境温度			电源类型：220V/50Hz			
驻留时间：3s			调制方式：AM 80% 1kHz			
测试方位	极化方向	试验等级（V/m）	频率范围（MHz）	步进（%）	性能判据	测试结果
前	垂直	10	80～1000	1	*	符合
	水平	10	80～1000	1	*	符合
后	垂直	10	80～1000	1	*	符合
	水平	10	80～1000	1	*	符合
左	垂直	10	80～1000	1	*	符合
	水平	10	80～1000	1	*	符合
右	垂直	10	80～1000	1	*	符合
	水平	10	80～1000	1	*	符合

*　干扰试验期间，试样不应发出报警或故障信号，试验后，基本功能正常。

4.2.3.5　浪涌（冲击）抗扰度测试

浪涌（冲击）抗扰度测试如图 4-43 所示，测试仪器包括浪涌发生器（NSG 2050）和耦合网络（CDN 133），测试条件及结果见表 4-28。

4.2.3.6　高低温测试

高低温测试仪器为高低温湿热试验箱（EW0407），测试条件及结果见表 4-29。

(a)   (b)

图 4-43   浪涌（冲击）抗扰度测试

(a) 测试仪器；（b）现场测试

表 4-28   **浪涌（冲击）抗扰度测试条件及结果**

测试模式：正常测量环境温度			电源类型：220V/50Hz		
脉冲次数：5			测试波形：1.2/50μs		
测试端口	耦合相位	试验等级（kV）	测试周期（s）	性能判据	测试结果
电源线（L-N）	0°，90°，180°，270°	±1.0	60	*	符合
电源线（L-PE，N-PE，L＋N-PE）	0°，90°，180°，270°	±1.0	60	*	符合

*   干扰试验期间，试样不应发出报警或故障信号，试验后，基本功能正常。

表 4-29   **高低温测试条件及结果**

检验项目	技术要求	测试条件及现象描述	测试结果
高温试验	测试时间：8h。 测试温度：40℃。 样品状态：样品通电工作，工作电压为 220V/50Hz。 测试判据：接受设备应能正常读取温度信息	测试时间：8h。 测试温度：40℃。 样品状态：样品通电工作，工作电压为 220V/50Hz。 测试现象：接受设备能正常读取温度信息	符合
低温试验	测试时间：8h。 测试温度：0℃。 样品状态：样品通电工作，工作电压为 220V/50Hz。 测试判据：接受设备应能正常读取温度信息	测试时间：8h。 测试温度：0℃。 样品状态：样品通电工作，工作电压为 220V/50Hz。 测试现象：接受设备能正常读取温度信息	符合

4.2.3.7　集成系统展望

1. 输电系统直流融冰辅助判断系统

（1）输电系统直流融冰技术。我国是发生输电线路覆冰事故较多的国家之一，覆冰事故已严重威胁了我国电力系统的安全运行，并造成了巨大的经济损失。

直流融冰技术的原理就是将覆冰线路作为负载，施加直流电源，用较低电压提供短路电流加热导线使覆冰融化，可采用发电机电源整流和采用系统电源的可控硅整流两种方案。前者虽可减少投资，但却受发电机组容量与融冰所需容量的限制，大多情况都不满足需求。因此，采用系统电源的可控硅整流融冰成为热力融冰法中的热点，其适用性更强，可根据不同情况调节直流融冰电压，使之满足不同应用环境的需要，是现有融冰方法中最理想的一种。

国内外专家通过多年的深入研究一致认为，对于大范围的输电线路覆冰问题，导线热力融冰法中的直流融冰方法是最有效的。但直流融冰方法也存在许多不足：①缺乏有效的导线温度监测手段，只能通过理论推导出直流融冰功率和时间；②实际情况非常复杂，理论推导出的融冰功耗如果低于实际需要，覆冰无法有效融化，如果高于实际需要，会引起导线过热。

（2）直流融冰系统的基本理论。在应用直流电流进行融冰时，为确保不使导线过热损坏线路，需要对融冰电流的大小和融冰时间进行计算。

导线在融冰过程中包括两个热交换过程：①导线和冰层的热传递；②冰表面和空气之间的热交换。导线通电流后产生焦耳热，热量通过冰层传到冰的表面，使冰表面温度升高到 T_s，冰表面再和空气以辐射散热和对流散热的形式进行热交换。当冰表面和空气交换的热量和导体产生的热量相等，且导线—冰交界面的温度为冰的融点温度（0℃）时，冰将处于融和不融的临界状态，此时导线不覆冰时流过的最小电流称为防止导线覆冰的临界电流 I_c，其计算式为：

$$I_c = \frac{D}{\rho} \times \left[(T_s - T)(\pi h + \pi \sigma \varepsilon\, t^3 + 2EVWC_W) + 2EVW_E L_V \right] \tag{4-39}$$

式中　D——导线外径，m；

　　　ρ——导线电阻率，Ω·m；

　　　t_s——导线表面温度，K；

　　　h——对流换热系数，W/(m²·K)；

　　　σ——斯忒藩-玻尔兹曼常数，$\sigma = 5.67 \times 10^{-8}$ W/(m²·K⁴)；

ε——导线黑度（新线取 0.23～0.43，旧线为 0.9）；

E——导线对空气中过冷却水滴的捕获系数；

V——湿空气或过冷却水滴的移动均匀速度；

W——湿空气或过冷却水滴含湿量；

T——湿空气或过冷却水滴温度；

C_W——水的定压比热容，$C_W = 4.18 kJ/(kg \cdot K)$；

W_E——在导线表面蒸发的液体含量；

L_V——水的汽化潜热，$L_V = 2.26 \times 10^3 kJ/kg$。

融冰所需时间的理论计算式为：

$$T = \frac{[C_i(273.15 - T_a) + L_F] - \rho_i R_i(2R_0 - \pi R_i/2)}{I^2 R_e} \tag{4-40}$$

式中　C_i——冰的比热；

T_a——气温；

L_F——水凝固释放出的潜热；

ρ_i——冰的密度；

R_0——覆冰后导线平均半径；

R_i——不覆冰时导线半径；

I——融冰电流；

R_e——单位长度导线在 0℃时的电阻。

式（4-40）仅为理论推导公式，实际加热时间根据现场情况的不同具有很大差异。如果融冰所用的功率过大、时间过长，可能会出现温度过高而损坏光电复合芯导线的情况。融冰时，若采用分布式光纤测温系统实时监测光电复合芯导线的温度，操作人员既可在融冰时知晓线路温度而选择合适的功率和温度来实现快速融冰，也可通过线路温度的快速上升等系统模式判断，准确地判断融冰是否已经完成，从而在结束时减小或关闭融冰电流，达到保护光电复合芯导线和节约能源的目的。

2. 输电线路异常故障快速定位系统

（1）输电线路常见故障与温度变化的对应关系。由于高压输电线的导线常受到周围各种恶劣条件的侵蚀，自然环境中的酸雨、风沙等可对导线本身产生腐蚀作用，同时由于部分导线挂于杆塔之上，受到自身重力和风摆产生的拉力，在腐蚀处会出现应力集中的现象，加速此处的导线腐蚀，产生恶性循环，出现导线的部分断股。此外，在导线运输和施工安装过程中可能受到的局部损伤、运行过程中遭受的雷击损伤等，也会在日后使用过程中扩大成为导线断股等损害，影响输电线的传输性能，直接威胁电力系统运行安全。

研究表明，在线路出现断股的位置，导线的横截面积减小，局部电压增大，会产生过热现象。如果能实时监控整个输电线路的温度分布，就可以通过发现、定位线路的温度异常过热点来监测线路的断股。国内一些高校和多家企业开展了这方面的研究工作，同时陆续推出一些产品，但这些产品都是基于专用的多模测温光纤作为测温介质，且测量的长度较短。

分布式光纤测温系统不同于传统方式和光纤光栅的点式测温，可做到全线路无死角地空间连续温度监测，能够在第一时间发现线路过热情况并准确定位，从而使电力部门能够快速发现断股事故并及时修复故障。

（2）输电线路故障分析。输电线路常见事故多由设备过热引起，电气设备热故障分外部热故障和内部热故障。外部热故障主要指裸露接头由于压接不良等原因，在大电流作用下，接头温度升高，接触电阻增大，恶性循环造成隐患，此类故障占外部热故障的 90% 以上。内部热故障是指封闭在固体绝缘、油绝缘以及设备壳体内部的电气回路故障和绝缘介质劣化引起的故障。电气设备内部热故障的特点是故障点密封在绝缘材料或金属外壳中，一般发热时间长而且较稳定，与故障点周围导体或绝缘材料发生热量传递，使局部温度升高，因此可以通过检测其周围材料的温升来诊断高压电气设备（如输电线缆）的内部故障。

由于发生热故障的线路多为 66kV 以上，因此着重讨论高压输电线路的发热故障。对于高压架空输电导线的发热，《高压直流架空送电线路技术导则》（DL/T 436—2005）要求钢芯铝绞线的最高工作允许温度为 $+70℃$。我国目前还没有高压交、直流线路金具发热的国家标准，根据《电力金具通用技术条件》（GB/T 2314—2008），电力金具的电气接触性能应符合下列要求：

1）导线接续处两端点之间的电阻，应不大于同样长度导线的电阻。

2）导线接续处的温升应不大于被接续导线的温升。

3）承受电气负荷的所有金具，其载流量应不小于被安装导线的载流量。

依托电力行业标准《电力设备预防性试验规程》（DL/T 596—1996）中对接触电阻的规定，可以分析电流致热型设备热缺陷的相对温升判据。

根据上述规则，可以认定在正常负荷运行情况下，接续管、耐张线夹、调整板、二线联板等处的温度应与直流输电线路的导线相同或比它小；因此，可以取被检测对象附近正常运行导线的温度作为参考温度，即对于有热缺陷的地方，可以在离发热点 1m 远的地方取导线或线路金具的温度作参考温度。此时可采用绝对温差法来判断：取被测对象附近 1m 远的地方正常运行的导线或线路金具的最高温度为参考温度 T_a，被测量对象的温度为 T，$\Delta T = T - T_a$，根据 ΔT 来判断热缺陷情况，这种方法可以消除太阳辐射造成的附加温升的影响，同时，由于同向性，检测距离、环境温度、相对湿度、风速等参数的不准确性带来的误差也减小了。结合多年的检测经验，按温升的大小，可分为轻微、一般和严重三种：ΔT 在 10℃ 以内理解为轻微故障；ΔT 在 10℃～20℃ 规定为一般故障；ΔT 在 20℃ 以上理解为严重故障。

电力系统现在普遍采用的是使用红外测温仪和红外热像仪进行检测，但是只能点式检测，并且无法实时分布式测温。利用分布式光纤测温技术进行实时输电线路温度监测，可更有效地进行输电线故障分析、定位和报警。

（3）高压线路易发生缺陷部分及原因分析。根据大量检测结果来看，高压线路中线路金具的热缺陷较多，集中在耐张线夹、四分裂变三分裂连接导流板、跳线线夹、接续管等机械连接部分。统计近几年来检测到的外部热故障数据，可以看到线夹和隔离开关触头的热故障占整个外部热故障的 77%，平均温升约为 30℃，其他外部接续的平均温升在 20℃～25℃。

1）造成过热的原因。

a. 氧化腐蚀。由于外部热缺陷的导体接续部位长期裸露在大气中运行，长年受到日晒、雨淋、风尘结露及化学活性气体的侵蚀，造成金属导体接触表面严重锈蚀或氧化，氧化层都会使金属接触面的电阻率增加几十倍甚至上百倍。

b. 导线接续松动。导体连接部位在长期遭受机械振动、抖动或在风力作用下摆动，使导体压接螺钉松动。

c. 安装质量差：①如接续紧固件未紧到位；②安装时紧固螺钉上下未放平垫圈或弹簧垫圈，受气温热胀冷缩的影响而松动；③线夹与导线接续前未清刷，没有涂电力复合脂，或复合脂封闭不好，潮气侵入造成氧化，使接触电阻变大而发热；④铝导线与铜导线连接点未加铜铝过渡接续；⑤线夹结构不好，导线在线夹端口受伤断股；⑥线夹大小与导线不配套，输电线连接点前后截面积及导流能力不匹配；⑦线夹结构造成的磁滞涡流损耗发热。

2）解决对策。

a. 金具质量。变电站母线及设备线夹等金具，根据需要选用优质产品，载流量及动热稳定性能应符合设计要求。特别是设备线夹，应积极采用先进的铜、铝扩散焊工艺的铜铝过渡产品，坚决杜绝伪劣产品入网运行。

b. 防氧化。设备接续的接触表面要进行防氧化处理，应优先采用电力复合脂（即导电膏）代替传统常规的凡士林。

c. 接触面处理。接续接触面可采用锉刀把接续接触面严重不平的地方和毛刺锉掉，使接触面平整光洁，但应注意母线加工后的截面积减少值，铜质不超过原截面积的 3％，铝质不超过 5％。

d. 紧固压力控制。部分检修人员在接续的连接上存有误区，认为连接螺栓拧得越紧越好，其实不然。因铝质母线弹性系数小，当螺母的压力达到某个临界压力值时，若材料的强度差，再继续增加不当的压力，将会造成接触面部分变形隆起，反而使接触面积减少、接触电阻增大。因此进行螺栓紧固时，螺栓不能拧得过紧，以弹簧垫圈压平即可；有条件时，应用力矩扳手进行紧固，以防压力过大。

e. 工艺程序。制订连接点安装的技术规范程序。根据造成连接点过热的不同类型，制订不同的工艺规程，安装时，严格按照工艺规程进行。

f. 检测措施。对于运行设备，运行值班人员要定期巡视接续发热情况。有些连接点过热可通过观察来确定，比如运行中过热的连接点会失去金属光泽、导体上连接点附近涂的色漆颜色加深等。通过采用分布式光纤测温系统这种先进的技术手段，实时监测导线和设备温度，实现导线安全监测和故障报警，从而保障电力系统安全有效地运行。

4.2.4　示范工程

4.2.4.1　工程项目概况

工程名称：110kV 川西Ⅰ线 C 相全线更换碳纤维光电复合导线工程。

工程地址：周口市 220kV 川汇变电站至 110kV 西华变电站。

工程规模：线路全长 21.85km，共 94 基杆塔。

沿线地形及交通：该线路所经全线为平原地带，沿线地势平坦开阔，利用公路，交通方便。

110kV 川西Ⅰ线于 1989 年建成投运，采用 LGJ-185/25 普通钢芯铝绞线，受社会经济和用户负荷不断攀升、线径小、运行时间长等因素的影响，已不能满足对用户端电能输送的要求，需要增加该线路输送电能的容量，以满足社会用户的需求。故决定在 110kV 川西Ⅰ线全线 C 相实施更换碳纤维光电复合导线工程，经测试检测碳纤维光电复合导线的各项机电性能指标均已达到工程要求。该更换工程的导线展放于 2014 年 3 月 24 日开始，至 2014 年 4 月 12 日结束；经验收，该技术改造更换新型碳纤维光电复合导线工程应用一次性投运成功。导线施工工艺流程如图 4-44 所示，工程局部线路如图 4-45 所示。

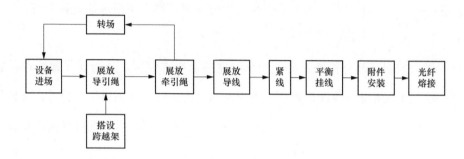

图 4-44　导线施工工艺流程图

图 4-45　工程局部线路

4.2.4.2　输电线路系统集成现场监测数据收集和分析

1. 现场试验

（1）试验方法。

1）将 110kV 川西Ⅰ线 C 相更换碳纤维光电复合导线，光纤接入监测系统实现分布式温度监测；

2）未通电时，导线本身温度和环境温度相同，通过监测设备监测线路波形，并分析计算得到导线温度；

3）在未通电时对一段线路进行人为加热，记录设备响应时间及主机监测到的温度与导线实际的温度；

4）导线通电后，记录设备响应时间及主机监测到的温度与导线实际的温度；

5）监测设备长时间运行，记录数据，研究线路实际运行对导线温度的影响。

（2）试验结果。

1）监测设备测量到的温度与导线实际温度误差在 10％以内；

2）监测设备响应时间在 30s 之内；

3）监测主机长期运行可靠，无误报发生。

2. 数据收集

（1）在线监测系统回传温度数据。

1）时间：2014-10-26 15：40：33。

2）7 号监控点（1377m 处）：22.5℃。

3）19 号监控点（3893m 处）：21.5℃。

（2）红外监测情况。10 月 24 日，多云、气温 14～25℃、空气相对湿度 86％，经红外测温，未发现异常发热点，满足安全运行要求。川西Ⅰ、Ⅱ线测温图谱如图 4-46 所示。

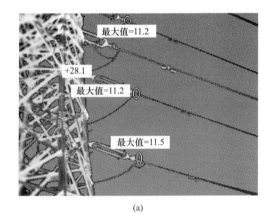
(a)

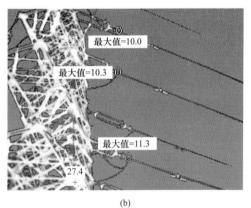
(b)

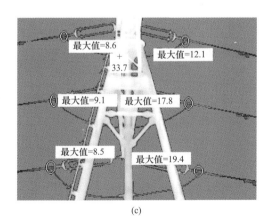
(c)

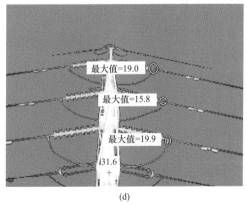
(d)

图 4-46　川西Ⅰ、Ⅱ线测温图谱（一）

（a）川西Ⅰ线 34 号塔；（b）川西Ⅱ线 34 号塔；

（c）川西Ⅰ线 26 号塔；（d）川西Ⅱ线 26 号塔

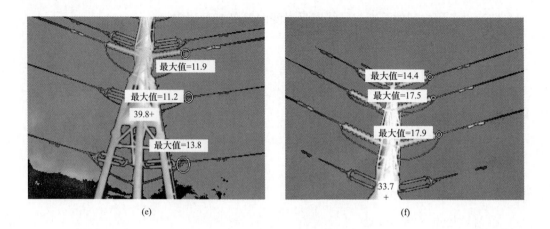

图 4-46　川西Ⅰ、Ⅱ线测温图谱（二）

（e）川西Ⅰ线 17 号塔；（f）川西Ⅱ线 17 号塔

（3）川西Ⅰ线日常运行图（2014-10-26 15：56：20），如图 4-47 所示。

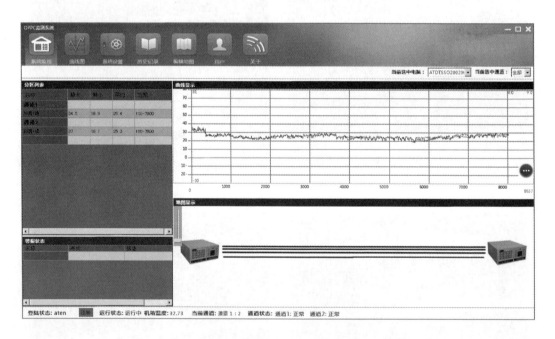

图 4-47　川西Ⅰ线日常运行图

（4）温度历史记录。110kV 川西Ⅰ线路碳纤维光电复合导线本体测温记录见表 4-30。

（5）挂网运行川西Ⅰ线温度—时间关系曲线如图 4-48 所示，其中上层曲线为线路的最高温度，中间曲线为线路的平均温度，下层曲线为线路的最低温度，横坐标为时间，纵坐标为温度。

表 4-30　　110kV 川西 I 线路碳纤维光电复合导线本体测温记录

测点	测量日期	环境温度(℃)	天气情况	风力	测点时间	测量位置 线夹	测量位置 本体	测量温度(℃) 红外成像	测量温度(℃) 在线定点	测量温度(℃) 光纤分布	测量线长距离(km) 红外成像	测量线长距离(km) 在线定点	测量线长距离(km) 光纤分布
5号塔	2014-5-26	26	晴	微风	8：30	◆	○	26.3	28.6	28.9	0.831		0.838
	2014-6-10	35	晴	微风	12：45	◆	○	35.4	38.7	38.9			
	2014-7-13	31	晴	微风	18：20	◆	○	29	33.3	33.7			
	2014-8-21	28	晴	微风	19：40	◆	○	27	29.3	29.7			
	2014-9-22	27	多云	微风	11：40	◆	○	27.4	30.4	30.9		1.577	
7号塔	2014-5-26	26	晴	微风	8：30	◆	○	26	28.4	28.7	1.577		1.59
	2014-6-10	35	晴	微风	12：45	◆	○	35.4	38.4	38.7			
	2014-7-13	31	晴	微风	18：20	◆	○	29	33.5	33.9			
	2014-8-21	28	晴	微风	19：40	◆	○	27	29.6	29.8			
	2014-9-22	27	多云	微风	11：40	◆	○	27.8	30.7	30.9			
12号塔	2014-5-26	26	晴	微风	8：30	◆	○	25	29.7	29.9	2.465		2.545
	2014-6-10	35	晴	微风	12：45	◆	○	36.4	39.1	39.4			
	2014-7-13	31	晴	微风	18：20	◆	○	29	33.3	33.7			
	2014-8-21	28	晴	微风	19：40	◆	○	27	29.3	29.7			
	2014-9-22	27	多云	微风	11：40	◆	○	27.4	30.4	30.9			
17号塔	2014-5-26	26	晴	微风	8：30	◆	○	25.8	29.1	29.4	3.445	3.89	3.473
	2014-6-10	35	晴	微风	12：45	◆	○	35.1	38.3	38.6			
	2014-7-13	31	晴	微风	18：20	◆	○	31.7	33.9	34.2			
	2014-8-21	28	晴	微风	19：40	◆	○	26.6	30.1	30.3			
	2014-9-22	27	多云	微风	11：40	◆	○	26.8	29.9	30.2			
19号塔	2014-5-26	26	晴	微风	8：30	◆	○	26.2	27.5	27.8	3.89		3.921
	2014-6-10	35	晴	微风	12：45	◆	○	34.4	37.2	37.5			
	2014-7-13	31	晴	微风	18：20	◆	○	30.1	32.8	33.1			
	2014-8-21	28	晴	微风	19：40	◆	○	28.1	30.3	30.5			
	2014-9-22	27	多云	微风	11：40	◆	○	27.6	29.8	30.1			
24号塔	2014-5-26	26	晴	微风	8：30	◆	○	26.3	28.6	28.9	4.944		4.983
	2014-6-10	35	晴	微风	12：45	◆	○	34.6	37.9	38.1			
	2014-7-13	31	晴	微风	18：20	◆	○	30.9	33.1	33.3			
	2014-8-21	28	晴	微风	19：40	◆	○	27.4	31.2	31.5			
	2014-9-22	27	多云	微风	11：40	◆	○	26.6	29.4	29.6			

注　◆—在线夹位置测量；○—在本体位置测量。
光纤标定起点为 220kV 变电站龙门架为零点，向线路负荷侧延伸。
定点距离标定：以线路恒长计算导线的线长，进行标定。
红外成像标定以恒长计算的线长固定测量对比。

（6）川西 I 线当日温度最高点如图 4-49 所示。

3. 数据分析

（1）温度准确度对比。和在线监测系统测量的温度对比，同一时间段，分布式光纤测温系统测到的 1377m 处温度为 23.0℃，3893m 处温度为 22.4℃，精度误差在 1℃以内。考虑到在线监测系统的温度探头贴在导线表面,而分布式光纤测温系统测量的光纤温度在导线内部,温度略高应该是正常情况。

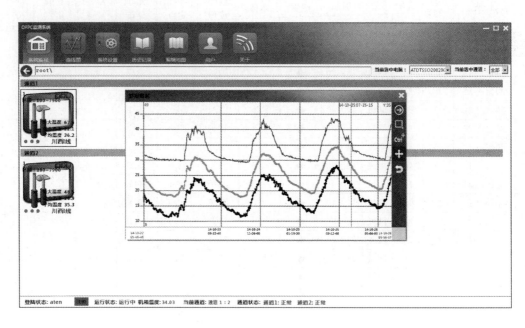

图 4-48　挂网运行川西Ⅰ线温度—时间曲线(2014-10-22～2014-10-26)

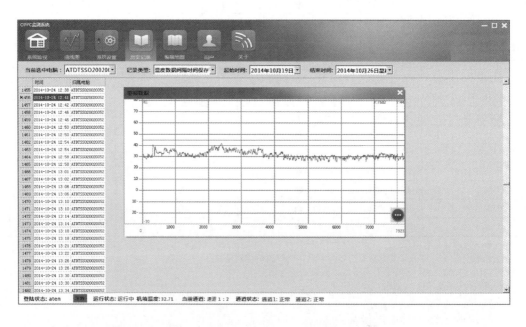

图 4-49　川西Ⅰ线当日温度最高点(2014-10-24 12:41:20)

由气象台查询到的数据为:环境温度为 17℃,风速 0.5m/s,日照强度 500W/m²,辐射系数和吸热系数均为 0.9。碳纤维光电复合芯导线的铝截面积为 200mm²,铝的电阻率为

$31.5\Omega \cdot mm^2/km$，可得碳纤维光电复合芯导线的电阻为 $0.1575\Omega/km$。观察站测到的 16 时的电流为 142.96A，将参数带入式（4-38），可以得到温升为 5.62℃，加上环境温度，可得电缆温度为 $17+5.62=22.62$℃；与分布式光纤测温系统测到的数据和在线监测系统的测量数据比较可知，分布式光纤测温系统测到的数据更加接近。由前文分析可知，这与测温点在电缆中的位置有关，在线监测系统的温度探头贴在电缆表面，受外界气流和环境温度等影响，略低于实际的电缆内层温度。

（2）不同方式测温值比较。根据温度监控记录表可得不同测点下红外测温和分布式测温与精度最高的在线定点测温的差值比较柱状图如图 4-50 所示。

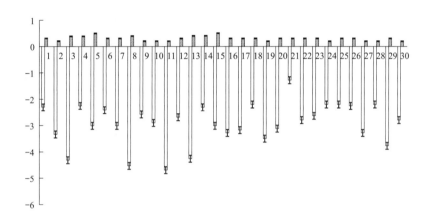

图 4-50　红外测温和分布式测温与在线定点测温的差值比较柱状图

注："0"线以上为分布式测温值减在线定点测温值；"0"线以下为红外测温值减在线定点测温值。

由图 4-50 可以看出：

1）红外测温测到的温度比分布式光纤测温和在线监控测温测到的数值偏低，且红外测温本身的温度分布较大。

2）分布式光纤测温测到的数值比在线监控测温测到的数值略高。

3）根据摩尔根公式计算的结果，红外测温测到的数值离应有的温度偏差最大，而分布式光纤测温系统测到的数值最为接近。

（3）挂网运行分析。分析图 4-48 挂网运行川西Ⅰ线温度—时间曲线，该曲线有以下特点：

1）五日（2014-10-22～2014-10-26）的平均温度稍有所升高。表 4-31 是周口从 2014-10-22 到 2014-10-26 的天气情况。

表 4-31　　　　　　　　周口天气情况（2014-10-22～2014-10-26）

城市	时间	天气	温度	风力
周口	2014-10-22	晴	24～14℃	微风
	2014-10-23	晴	24～14℃	微风
	2014-10-24	晴	26～15℃	微风
	2014-10-25	晴	26～15℃	微风
	2014-10-26	晴转多云	26～14℃	微风

可以看出环境温度稍有升高，与导线温度情况一致，因此导线温度升高的主要原因是受环境温度影响。

2）温度以 24h 为周期上升下降。从每日的早上 4 时 30 分左右开始上升，至每日的 12 时 40 分到达最高值开始下降，在 17 时 30 分到 18 时之间有时会出现一个小的上升，然后就一直下降，周而复始。其中，平均温度和最低温度的规律基本完全一致，最高温度开始上升的时间点会延后约 1h，最高温度综合受环境温度和用电情况的影响。线路平均温度一天的变化为 10℃左右，与环境温度保持一致。

该数据较好地反映了电网运行的实际情况。根据摩尔根公式，影响导线温度的最主要因素为环境温度，其次为负载电流。16 时记载的电流大小为 142.96A，18 时记载的电流大小为 206.25A，导致了整个导线的最高温度和平均温度在约 17 时 30 分出现了一个小高峰，直接测量导线的线芯温度良好地观察到了这一情况。

第5章

导线施工安装

5.1 张 力 架 线

5.1.1 架线基本要求

5.1.1.1 基本特征

（1）碳纤维复合芯导线和碳纤维光电复合芯导线展放方式全过程应处于架空状态。

（2）碳纤维复合芯导线不受设计耐张段限制，可以直线塔作施工段起止塔，在耐张塔上直通放线。

（3）碳纤维光电复合芯导线受设计耐张段限制，必须在耐张塔处放、紧线；导线接续管必须在同一档距内进行压接，严禁过滑车，距悬挂点不小于：直线杆塔 10m，耐张杆塔 25m；碳纤维光电复合芯导线应采用芯棒卡具、网状蛇形钢丝网套进行紧线、锚线；在耐张杆塔上紧线并作锚线固定；在耐张杆塔上作平衡挂线或半平衡挂线。

（4）在直线塔上紧线并作直线塔锚线，凡直通放线的耐张塔也直通紧线。

（5）在直通紧线的耐张塔上作平衡挂线或半平衡挂线。

在上述基本特征的前提下，可根据工程具体条件选择张力架线工艺流程、施工机械、操作方法等。

5.1.1.2 张力放线的基本程序

（1）将牵引绳分段展放，逐基穿过放线滑车。

（2）牵引机卷牵引绳，逐步展放导线。

5.1.1.3 张力放线注意事项

（1）放线须采用橡胶或尼龙等韧性材质轮槽的滑车，并正确悬挂放线滑车以改善导线在滑车中的畅通性。

（2）选择合适的放线张力，确保导线不与跨越物硬摩擦，加强每一操作环节中的导线保护等。

（3）张力机、牵引机前必须设接地滑车，架空线路在施工期间始终保持接地，新工序接地未装设，原工序接地不得拆除，严格执行《电力建设安全工作规程　第 2 部分：电力线路》(DL 5009.2—2013) 的相关规定。

（4）不允许用旧导线牵引新导线。

5.1.1.4　张力架线施工应具备的施工条件

（1）张力场选择在线路中心线或延长线上，防止导线出现转角。

（2）耐张塔允许不打临时拉线作带张力半平衡挂线，带张力平衡挂线时，横担承受的不平衡张力不大于一相导线总张力的 1/2。

（3）耐张金具组合串中应具有较大调整范围的调整金具。

（4）直线塔宜设附件安装作业孔，耐张塔宜设锚线孔，孔径与施工工具相配合，承载能力满足施工载荷要求。

5.1.2　张力放线前的准备工作

张力放线前的准备工作包括清除通道内的障碍物、搭设跨越架、选择牵张场地、牵张场的平整和道路修补、直线塔悬挂绝缘子串及放线滑车、转角塔悬挂放线滑车、直线和转角塔悬挂地线放线滑车、布线等。

5.1.2.1　张力放线段的确定

张力放线段长度主要根据放线质量要求和放线效率来确定。理想的放线段长度包括 12 个放线滑轮的线路长度，宜小于 6km。当选择牵张场地非常困难时，放线段内包括的放线滑轮数量不应超过 15 个。线路跨越特别重要的跨越物，如铁路、高速公路及 110kV 及以上电力线等，宜适当缩短放线段长度，以确保安全和快速完成跨越架线任务。

5.1.2.2　机具准备

（1）张力机放线主卷筒槽底直径 $D \geqslant 40d$（d 为导线直径）。张力机尾线轴架的制动力与反转力应与张力机匹配。牵引机的变速机构以无级变速为优，牵引机的额定牵引力不小于被牵放导线的保证计算拉断力与牵引机额定牵引力的系数之积（N，系数 $K_r = 0.25 \sim 0.33$）。

（2）张力机能连续平稳地调整放线张力，能与牵引机同步运转，张力机单根导线额定制动张力：单根导线额定制动张力与单导线额定制动张力的系数之积（N，系数 $K_r = 0.17 \sim 0.20$）。

（3）张力架线特种受力工器具（蛇皮网套、专用卡线器或紧线用耐张预绞丝等）满足导线特性的要求，并与导线规格和主要机具相匹配。

（4）施工安装前，要保证施工人员和施工机具的充足。

5.1.2.3　跨越施工准备

（1）张力架线中的跨越施工，应采用网罩跨越不停电的区域，各连接点处于架空状态，确保导线在施工时与被跨越物和对地之间的安全距离。

（2）张力架线跨越架的几何尺寸应按《110kV～750kV 架空输电线路张力架线施工工艺导则》（DL/T 5343—2018）执行。

（3）跨越架顶部可做封顶处理或能与导线接触部位应采取防接触、防摩擦保护措施。

5.1.2.4　放线滑车准备

（1）碳纤维芯光电复合导线放线滑车应满足以下条件。

1）轮槽底部直径应大于导线直径的 20 倍。

2）轮槽深度大于导线直径的 1.25 倍。

3）轮槽口宽度大于导线直径的 2.4 倍，导线牵引金具或导线接续金具顺利通过放线滑车。

4）滑车轮槽接触导线部分应使用韧性材料或涂覆润滑剂，以减小导线与轮槽接触部分的挤压和阻力，减轻导线表面的磨损程度。放线滑车如图 5-1 所示。

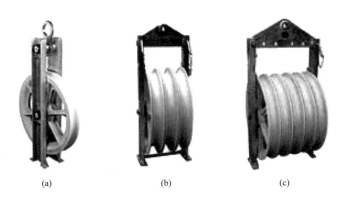

(a)　　　　　　　　　(b)　　　　　　　　　(c)

图 5-1　放线滑车

（a）单轮滑车；（b）三轮滑车；（c）五轮滑车

5）滑轮槽应采用挂胶（滑轮槽内与导线接触部分胶体）或其他韧性材料，滑轮的磨阻系数不应大于 1.015。

（2）一牵一放线采用单轮滑车，牵引绳与导线同走一个滑槽。

（3）一牵二放线采用三轮滑车，牵引绳走中间滑槽，导线走两边滑槽。

（4）直线塔将放线滑车挂在悬垂绝缘子串下，耐张塔和耐张转角塔用钢丝绳套将放线滑车直接挂在横担下面。

（5）放线张力正常，导线在放线滑车上的包络角在 25°～50°之间时，要求加挂双滑车（所用滑车大于 20 倍的导线直径）或使用一只大于 30 倍的导线直径的滑车，以避免导线牵引角度过大，减少导线在滑车上散股的现象。

（6）耐张塔挂双滑车应计算滑轮顶悬挂点的高度差或挂具长度差，以调整双滑车的包络角相同。

5.1.3 张力放线

在展放碳纤维光电复合芯导线过程中应采用张力放线，同时应符合《110kV～750kV 架空输电线路施工及验收规范》（GB 50233—2014）及《110kV～750kV 架空输电线路张力架线施工工艺导则》（DL/T 5343—2018）的规定。

5.1.3.1 张力场选择原则

1. 不宜用作张力场的情况

（1）需以直线转角塔过轮临锚时。

（2）档内有重要交叉跨越或交叉跨越较多时。

（3）设计要求档内不允许有接头时。

（4）邻塔悬点与张力机进出口高度差较大时。

2. 张力场布置注意事项

（1）张力机一般布置在线路中心线上，确定张力机出线所应对准的方向。

（2）张力机进出口与邻塔悬点的高度差角不宜超过 15°。

（3）张力机导线轮、导线线轴的受力方向均必须与其轴线垂直。

（4）牵引机、张力机、线轴架等均必须按机械说明书要求进行锚固；被展放导线的线轴距张力机一般应大于 10m，特殊情况下也不得小于 7m，导线与张力机的导轮的各夹角不得大于 10°，如图 5-2 所示。

（5）张力机的主轮到第一个铁塔的距离，应该为放线滑车高度的 3 倍，如图 5-3 所示。

（6）牵引机、张力机、线轴架等均应按施工机械使用说明书要求进行锚固。

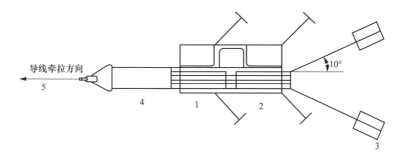

图 5-2 导线与张力机导轮的夹角示意图

1—主张力机；2—张力机临锚；3—线轴架；4—导线；5—牵引绳

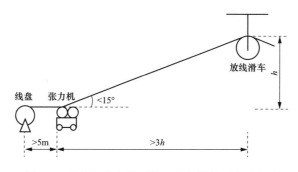

图 5-3 张力机的主轮到第一个铁塔的距离示意图

5.1.3.2 张力放线操作

张力放线的主要计算按《110kV～750kV 架空输电线路张力架线施工工艺导则》（DL/T 5343—2018）的规定。导线盘绕方向与导线外层线股捻回方向相同，即导线外层采用右捻时，在张力机上盘绕应为左进右出、上进上出。

（1）牵放前必须检查的项目：

1）跨越架牢固程度。

2）临时接地是否符合要求。

3）人员是否全部到岗，通信联络是否畅通。

4）受力部件连接情况。

5）牵引绳或旧导线在放线滑车上有无跳槽。

6）导线牵引受力后，应检查转角塔双滑车受力包络角是否符合要求。

（2）放线时应控制牵引力和放线张力并做好以下事项：

1）开始牵放时应慢速牵引，并查询线路有无异常现象。

2）待导线全部升空后，方可逐步加快牵引速度，以避免导线出现松股现象。

3）牵引时应先开张力机，待张力机刹车打开后，再开牵引机。

4）停止牵引时应先停牵引机，后停张力机。

5）放线时牵引绳、旧导线、导线过越线架时，张力应缓慢增大，以不磨跨越架为准，避免牵引绳、导线产生大幅度波动，避免导线表面磕碰，做好导线的保护工作。

（3）接续管不得在张力机前进行压接，因接续管太长，不允许过滑车，应根据耐张段长和线长合理布线，确定在适宜档距内接续导线。牵引头过滑车时应放慢速度进行牵引，并量取过牵引的长度。

（4）张力放线过程中，为防止导线磨伤应采取的措施：

1）换线轴时，注意线头、线尾不与张力机、线轴架的硬锐部件接触。

2）向线轴上回盘余线时，不允许连接网套被盘进线轴。

3）导线局部落地时，应采取隔离保护措施。

4）卡具附近的导线应采取防损伤措施。

5）张力机出口张力应始终满足施工设计的规定，并在导线距离地面最近的位置设专人监视导线离地高度。

6）接续前应将蛇皮套内的导线切除。

（5）连接网套、连接器、牵引绳和旧导线的连接部位是张力放线受力系统的薄弱环节，每次使用前均应严格检查，按规定方式安装和使用。

（6）导线牵放连接要求。

1）采用大于3m尺寸合适的连接网套作牵引，在网套的一端配置旋转连接器，保证牵引过程中导线不会旋转。在网套与导线连接的一端，用两个金属夹片夹住导线，如图5-4所示，并用胶带包缠夹片，确保放线滑车槽内的橡胶不被损坏。

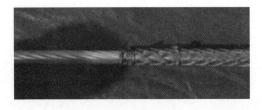

图 5-4　网套的固定

2）碳纤维复合芯导线外层为梯形截面的退火软铝，内部为碳纤维复合芯棒，中间存在一定的空隙，芯棒表面光滑并涂有一层耐高温绝缘油脂，且退火软铝不能与地面或跨越物摩擦，在牵引展放过程中必须保持一定的施工张力，使导线始终在空中牵引。因此，使用网套与碳纤维复合芯导线的对接是一个非常关键的技术。如导线受到牵引张力后，外层铝线受到的力不能传递到芯棒上，导致外层铝线不断延展、芯棒相对收缩，一旦芯棒收缩到一定程度甚至跑到不受力的网套外端，则网套抓住的仅仅是外铝层，就易发生抽芯跑线事故。因此，必须使用专用卡具连接芯棒，使牵引力能传递至芯棒，如图 5-5 所示。经过计算，导线平均牵引力达 40kN，瞬时牵引力达 50kN，如果专用卡具芯卡承受的牵引力小于这个值，芯卡与芯棒将滑动产生相对位移。

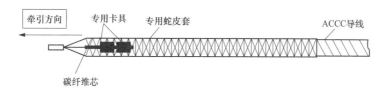

图 5-5　专用卡具连接芯棒示意图

5.1.3.3　张力牵引导线端头的连接方法

（1）将导线端头用手锯锯平，然后按图 5-6 所示的要求安装、液压。1 号铁管液压的力度为 60MPa，2、3 号铁管液压的力度为 45MPa～50MPa，然后用胶布包覆在铁管表面，以减小碰撞损伤。

（2）按图 5-7 安装牵引网套，并用 14 号细铁丝绑扎在网套的尾部，然后用胶布包覆在绑扎线的表面；牵引网套与牵引绳间用合适的旋转连接器连接。

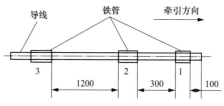

图 5-6　导线端头的处理示意图

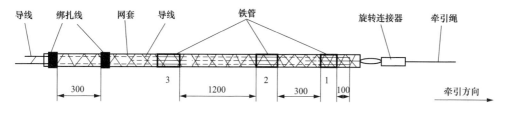

图 5-7　牵引网套的安装示意图

5.2　金　具　安　装

导线液压压接施工前，应进行下列项目的检查：

（1）检查液压设备所有构件是否完好，油压表应经过校核，性能正确可靠。液压机输出压力调整符合要求后，不得随意改动。

（2）对所使用的导线型号、结构及规格应进行认真检查，应与工程设计图相符，并符合有关标准的规定。

（3）使用前必须对各种液压管进行外观检查，不得有弯曲、裂痕及锈蚀等缺陷。

（4）液压管使用前，应对液压管内外径及长度进行测量并做好记录。

5.2.1 接续管

由于光纤的植入，碳纤维光电复合芯导线均为定尺生产，中间不允许有接续。而碳纤维复合芯导线可以有接续，其接续金具的安装要求如下。

（1）确认导线接续位置，压接现场导线不得接触地面。

（2）应采用临时锚线的方式进行压接。

（3）锚线长度应距导线端头处 10～20m 以外。

（4）接续金具配件包括外压接管、内衬管、楔型夹座、楔型夹、连接器，自主研制的接续金具配件如图 5-8 所示。

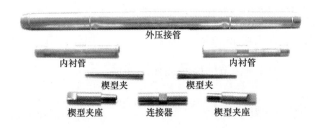

图 5-8　自主研制的接续金具配件

（5）穿管：用洁布将导线表面擦净，长度不小于外压接管长度的 3 倍，将导线两端头穿入内衬管（注意锥孔的小头先滑入），然后再把任一导线端头穿入外压接管，如图 5-9 所示。

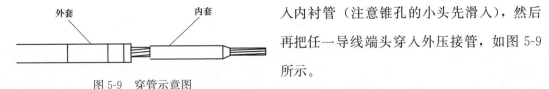

图 5-9　穿管示意图

（6）画标记：在导线端头处用楔型夹座量取等长的导线长度，并画好印记，印记处导线侧用卡环、细线或胶布把导线缠绕扎紧，防止导线散股，如图 5-10 所示。

（7）剥线：使用手锯或剥线刀在印记处剥掉导线外铝层，如图 5-11 所示；在剥到内层时需要小心，内层铝丝可以在锯到一半后手工慢慢掰断，如图 5-12 所示，不准损伤碳纤芯，并保证导线的横截面平整，确保芯棒与内锥环的装配。用干布擦去复合芯上的油渍，并用中间接续金具中配套砂纸轻轻打磨芯棒，使芯棒发白，再用干布将粉末擦除干净，如图 5-13

所示。由于铝线股很容易掰断，不要在芯棒表面做标记，芯棒表面及端头不允许有划痕、裂纹或伤痕。

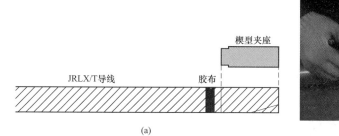
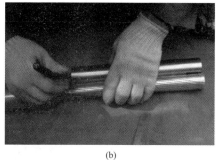

图 5-10　量取导线及画印记

（a）量取导线；（b）画印记

图 5-11　印记处剥线　　　　　　　　　图 5-12　掰断内层铝丝

（8）安装。

1）把碳纤芯穿入楔型夹座，然后将碳纤芯穿入楔型夹，并夹住碳纤芯，整体滑进楔型夹座内，碳纤芯露出楔型夹 5mm，如图 5-14 所示。

2）将连接器拧入楔型夹座内，用两个 12～16in 扳手拧紧。一个扳手拧连结器，另一个扳手拧夹头座，这样可以使夹头紧紧夹注线芯，如图 5-15 所示。拧紧力应符合产品技术要求，另外一端导线同样制作。由于连结器的两端的

图 5-13　用专用细砂纸轻轻打磨复合芯

螺纹是反螺纹，因此在拧紧过程中，两边的楔形夹座将被拉近。

3）拧紧连接器与楔型夹座，检查靠近导线一端，应该有 20～40mm 的碳纤芯露出，楔型夹锥形端头应从楔型夹座端向外拉出 5mm，连结器与锲型夹座间应有 10～12mm 外露。另一端的安装过程与此完全相同，最后用三把扳手把连接器同步拧紧，对接时应注意保持直线。连接器、楔型夹座、楔型夹的安装尺寸如图 5-16 所示。

图 5-14　安装楔形夹座、楔形夹

图 5-15　安装连结器

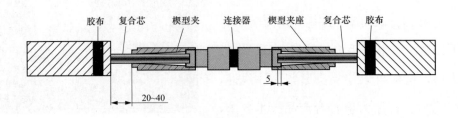

图 5-16　连接器、楔型夹座、楔型夹安装尺寸示意图

4）用尺量出外压接管的中心点的距离，如图 5-17 所示，并做中心点标记，在导线端头两侧铝线上画好印记（连接器中心至外压接管端口距离），如图 5-18 所示。

图 5-17　外压接管的中心点的距离

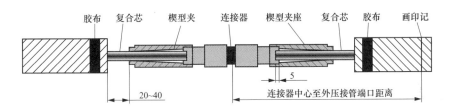

图 5-18　外压接管中心点距离示意图

5）用钢丝刷清除导线进入内衬管部分铝股氧化膜，如图 5-19 所示。

图 5-19　清除铝股氧化膜

6）对导线铝股均匀涂刷电力脂，并完全覆盖。用钢丝刷沿碳纤维复合芯铝绞线捻绕方向对已涂电力脂部分进行擦刷，然后用洁布擦去多余电力脂。

7）按印记将外压接管安装到位，然后在中心印记处施压一模，如图 5-20 所示。

8）用钢丝刷清除内衬管表面氧化膜，均匀涂刷电力脂，将内衬管推到外压接管内，在外压接管表面涂脱模剂。

9）从外压接管两端标记线外 8mm 开始向管口端部依次施压，施压时模与模之间的重叠处不应小于 5mm，实测压后对边距及管长。接续管施压如图 5-21 所示。

图 5-20 外压接管的中间定位

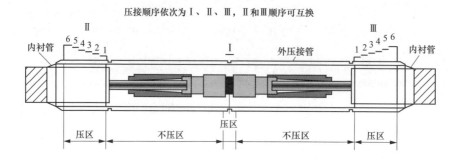

图 5-21 接续管施压示意图

5.2.2 耐张线夹

与碳纤维复合芯导线耐张金具相比较，碳纤维光电复合芯导线多出了光纤的引出通道，在施工时要注意要保障光纤引出时的安全、可靠，避免损伤光纤。

5.2.2.1 碳纤维复合芯导线耐张线夹的安装步骤

（1）首先用胶带绑扎导线开断点，用手锯开断导线，将金具内衬管有锥度一端向里穿到导线上，耐张线夹外压接管有锥度一端向里穿到导线上，如图 5-22 所示。

（2）以楔型夹座为参照，在需要做耐张的导线端量取相应长度并标记，印记处导线侧用胶布缠绕导线，防止导线散股，如图 5-23 和图 5-24 所示。

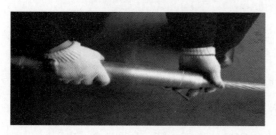

图 5-22 耐张线夹穿管示意图

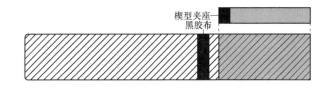

图 5-23　用楔型夹座量取等长导线画印记示意图

（3）使用手锯或剥线刀在标记处剥掉导线外铝层，如图 5-25 所示。在剥到内层时需要小心，避免划到芯棒，内层铝丝可以在锯到一半后手工慢慢掰断，如图 5-26 所示。

图 5-24　用胶布缠绕导线

（4）用干布擦去碳纤芯上的油渍，用耐张金具中配套砂纸轻轻打磨芯棒，使芯棒发白，然后再用洁布将粉末擦干净，芯棒表面及端头不允许有划痕、裂纹或伤痕。

图 5-25　用手锯在标记处剥掉外层铝示意图

图 5-26　手工慢慢掰断内层铝丝

（5）将碳纤芯插入锲型夹座，然后将锲型夹的细端先夹住碳纤芯，再插入锲夹座内，最后整体滑进，锲型夹的端头与锲型夹座端头之间留约 5mm 的距离（即碳纤芯露出楔型夹 5mm），如图 5-27 所示。

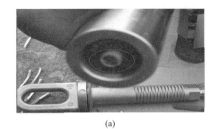

(a)

(b)

图 5-27　楔型夹座和楔型夹安装

（a）楔型夹座；（b）楔型夹安装

（6）将连接环拧入楔型夹座内，用两个扳手拧紧。一个扳手拧连接环，另一个扳手拧夹头座（固定不动），使夹头紧紧夹住碳纤芯，如图 5-28 所示。

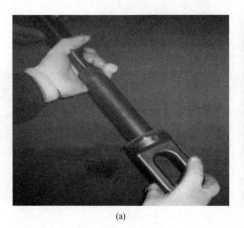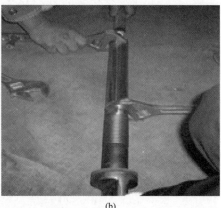

（a）　　　　　　　　　　　　　（b）

图 5-28　连接环安装示意图

（a）连接环；（b）连接环安装

（7）当扳手拧紧耐张线夹和楔型夹座后，在靠近导线一端应该有 4cm 左右的碳纤芯暴露出来，锲型夹应该从夹头座端向外拉出 4～5mm，如图 5-29 所示。

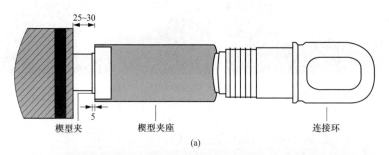

（a）

（b）

图 5-29　碳纤芯、楔型夹、楔型夹座的安装位置

（a）示意图；（b）实物图

（8）用钢丝刷清除导线进入内衬管部分铝股氧化膜，如图 5-30 所示。

（9）对导线铝股均匀涂刷电力脂，并完全覆盖，如图 5-31 所示。用钢丝刷沿绞线捻绕方向对已涂电力脂部分进行擦刷，然后用洁布擦去多余电力脂。

 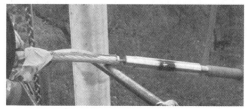

图 5-30　清洁导线铅股氧化膜　　　　　图 5-31　导线铝股涂刷电力脂

（10）将外压接管小心拉至连接环，直到与胶垫接触为止。

（11）按耐张线夹引流板方向的要求，将连接环与外压接管引流板方向相对角度调整正确。

（12）在外压接管表面均匀涂脱模剂。

（13）用钢丝刷清除内衬管表面氧化膜，均匀涂刷电力脂，将内衬管推到外压接管内，如图 5-32 所示。

（14）用液压机压接耐张线夹，在靠近连结环处的压接区标记内压接第一模，如图 5-33 所示。

图 5-32　内衬管表面涂刷电力脂　　　　　图 5-33　压接第一膜

（15）在耐张金具中间部位找到第二个压接区标记处，开始向管口端部依次施压，注意压接时内衬管的到位情况，如图 5-34 所示。施压时模与模之间的重叠处不小于 5mm。实测压后对边距及管长。

（16）用锉刀将金具表面压出的飞边锉平，如图 5-35 所示。

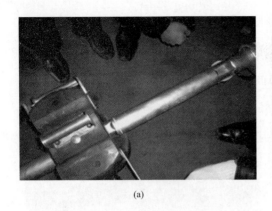 

(a)   (b)

图 5-34　第二个压接区依次压接

(a) 压接过程；(b) 压接完成

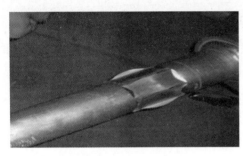

图 5-35　锉平压出的飞边

5.2.2.2　碳纤维光电复合芯导线耐张线夹的安装步骤

（1）尺寸测量：量取光纤耐张线夹铝管长度、光纤单元凹槽开孔处与前后端尺寸、各组合部件尺寸、铝管凹槽开孔长度尺寸，并进行记录。

（2）画标记：量取碳纤维光电复合芯导线长度，在导线端头处用楔型夹座量取等长的导线长度，并画好印记；在印记处导线侧用卡环、细线或胶布把导线缠绕扎紧，防止导线散股。

（3）切割导线：在印记处将铝股分层锯割，不得损伤碳纤芯和光纤单元不锈钢管，并保证导线的横截面平整，以保证芯棒与内锥环的装配；用干布擦去复合芯上的油渍，并用专用细砂纸轻轻打磨复合芯，再用干布将粉末擦除干净；不得在光纤单元、碳纤芯棒表面做标记，以免造成划痕损伤芯棒和光纤单元。

（4）剥离光纤单元：按照画好的印记，导线分股沿导线铝股束线轻轻剥离导线本体，在剥离时不得使光纤单元受力，更不得使不锈钢管变形，直至将光纤单元不锈钢管完全从导线中脱离出来，光纤单元长度不得小于 6m，如图 5-36 所示。

（5）铝管内衬穿管：用钢丝刷清除导线进入内衬管部分铝股氧化膜，用洁布将导线表面

图 5-36　剥离光纤单元

擦净，长度不小于外压接管长度的 3 倍，将导线两端头穿入内衬管，再把任一导线端头穿入外压接管。

（6）安装光纤耐张线夹铝管：将光纤单元从耐张铝管的外侧穿入，当光纤单元首端穿入至耐张铝管凹槽开孔处时，将光纤单元从凹槽开孔处引出来。

（7）安装楔形椎体：把碳纤芯穿入楔型夹座，然后将碳纤芯穿入楔型夹，并夹住碳纤芯，整体滑进楔型夹座内，碳纤芯露出楔型夹 5mm，安装连接环；检查锲型夹座与铝线间，应有 25mm～30mm 左右的碳纤芯露出，楔型夹锥形端头应从楔型夹座端向外顶出 5mm。

（8）组装：将安装连接好的导线碳棒、楔形椎体、连接器从光纤耐张线夹铝管内部穿入，并穿过光纤耐张线夹外层铝管；连接钢锚从线夹铝管另一端与连接器相连接，用扳手拧紧连接，扭力矩不得大于 16N，如图 5-37 所示。

图 5-37　组装光纤耐张金具

（9）光纤单元复位：将连接好的线夹内部构件返回至外铝管内部，光纤单元不锈钢管沿连接器一侧的凹槽处引出，外铝管凹槽开孔处引出的光纤单元应自然，不得扭劲或严重弯曲、变形。

（10）涂覆导电脂膏：用钢丝刷沿光电复合碳纤维芯铝绞线捻绕方向对已涂电力脂部分进行擦刷，并完全覆盖，然后用洁布擦去多余电力脂；将耐张线夹外压接管安装到位，并与胶垫接触为止；连接环与耐张线夹外压接管引流板方向相对角度调正确；按印记将外压接管安装到位，外压接管表面均匀涂脱模剂，然后在靠近连接环印记处施压一模。

（11）压接：在耐张线夹联结套导线端口标记线外 5mm 开始向管口端部依次施压，如图 5-38 所示。施压时模与模之间的重叠处不应小于 10mm，实测压后对边净距及管长。

（12）光纤单元硅橡胶管护套：光纤耐张线夹压接完成后，将光纤单元不锈钢管整理平整，不得变形、扭劲；再将光纤单眼穿入硅橡胶管内，并用不少于 2 个线卡固定。

图 5-38　压接光纤耐张线夹

5.2.3　跳线线夹

（1）清除跳线线夹内多余电力脂。

（2）在导线端头处量取等长印记点到线夹口的距离，画好印记。

（3）用钢丝刷清除导线进入跳线线夹部分的铝股氧化膜。

（4）将导线穿入跳线线夹内，线夹端口正好和导线上印记重叠。

（5）应使跳线线夹方向与原弯曲方向一致，由线夹端口印记处依次施压，如图 5-39 所示。

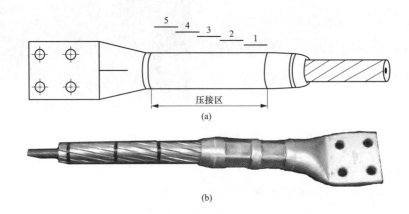

图 5-39　跳线线夹施压

（a）示意图；（b）实物图

5.2.4　导线压接注意事项

（1）导线压接前，应将连接网套内的导线切除。

（2）导线压接后，可能会出现"灯笼"现象，耐张后会自然恢复。

（3）应保护好导线握力试验样品，以考核导线的压接工艺。

5.2.5　耐张线夹的施压方法

耐张线夹的施压有正压和反压两种方法：当档距或耐张段较长时，一般采用正压；当档距或耐张段小于 100m，为防止"灯笼"的产生，可采用反压方法，可根据具体情况而定。

如果采用反压法，需在现场服务人员的指导下进行。

5.2.6　金具压接注意事项

（1）金具压接过程中可能有起鼓现象，可用双手握住金具口 100～300mm 的位置。

（2）金具压接后的尺寸可参照相关标准要求验收，但不作为重点考核项目，原因是碳纤维复合芯导线承力部分是复合芯，约占 75％以上，不同于钢芯铝绞线。

（3）金具压接后的弯曲度应不大于 2％，有明显弯曲时应校直。

5.3　紧线和附件安装

5.3.1　紧线

5.3.1.1　导线紧线工艺

（1）导线牵放到位后先放松牵引张力，以不碰到跨越物为宜；挂好紧头导线，终端塔先用牵引机牵引导线，达到一定的张力。选取尺寸合适的卡线器将导线卡牢，勿使用接触面小的卡线器，以免损伤导线。宜选用预绞丝型的紧线装置，防止导线起"灯笼"。预绞丝缠绕导线的位置以离塔横担 20m 外为宜，用机动绞磨做牵引紧线。可采用滑车组紧线，以减小机动绞磨的受力。中间耐张塔采用高空锚线、平衡挂线的施工方法。

（2）紧线顺序为第一观测档紧、第二观测档松（简明紧—松—紧观测）。紧线时先紧中相线，后左、右相线；一基塔的紧线尽可能一天内完成。

（3）以弧垂观测作标准，紧线应力达到标准后，保持紧线应力不变，在紧线段内所有直线塔和耐张塔上同时画印。不完成画印，不得进行锚线作业。

（4）在耐张塔将导线临锚（临时锚固），使其接近设计架线张力。如果放完导线就进行弧垂观测、调整及挂线，应考虑弧垂补偿问题，通常采用降温补偿法。如果放完导线 24h 后进行弧垂观测、调整及挂线，则不考虑初伸长。

（5）导线挂完后，注意按照产品特性要求观察弧垂变化，确认无误后再安装附件。

（6）按照后紧头挂线、紧线、弧垂观测、画印、压接、挂线、弧垂复测的顺序进行紧线。

5.3.1.2 平衡挂线的锚线、紧线的操作方法

（1）在耐张杆塔向横担两侧 10～20m 位置（锚线的距离一般以 10～20m 的距离为宜，需根据实际情况而定）安装第一个悬垂线夹，在第一个悬垂线夹 1.2～1.5m 处安装第二个悬垂线夹，如图 5-40 所示。

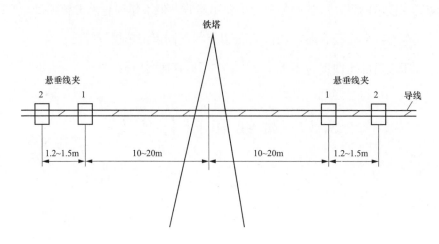

图 5-40　悬垂线夹安装位置示意图

（2）在耐张杆塔横担两侧的第一个悬垂线夹靠紧线方向 2m 处，各安装 1 个紧线用耐张预绞丝或特制卡线器（带橡胶卡口），直接卡紧导线，并在可能擦伤导线的位置安装橡胶管，如图 5-41 所示。

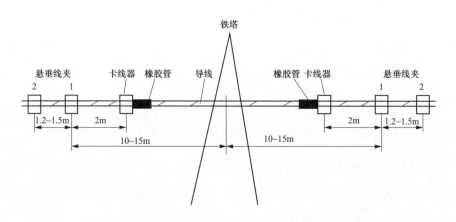

图 5-41　卡线器安装位置示意图

（3）用绞磨机紧线至耐张杆塔横担中导线可正常开线状态，可进行开线并安装耐张线夹。

（4）其他的锚线形式（如临时锚固）与第 1～3 条的方法相同。

（5）注意事项：

1）在紧线过程中，应采用合适的方法防止导线与牵引绳缠绕。

2）在开断导线前应做好导线的保护措施，可采用麻绳等每隔 2m 左右进行绑扎，保证导线可自由滑移，防止开断后导线端头跌落损伤导线。

3）在耐张金具的安装、压接过程中，应做好导线的保护措施。

4）挂接耐张金具时，要做好保护措施，防止跌落及金具压接口处的导线复合芯折断。

5）在地面安装金具时，应做好导线的保护措施（可采用麻绳等每隔 2m 左右进行绑扎，保证导线可自由滑移），避免损伤导线。

6）在金具的压接过程中，压接管表面可涂脱模脂以便脱模；禁止用脚踩踏金具口中或金具口的导线，或用力扳动金具口的导线。

综合考虑以上因素，确定紧线方法。

5.3.2　附件安装

5.3.2.1　一般要求

（1）打磨光滑导线上未处理的局部轻微磨伤，特别注意线夹两侧及锚线点。

（2）对损伤导线进行处理。

（3）拆除导线上的异物。

（4）在一个档距内每根导线上只允许有 1 个接续管，不应超过 2 个补修管，同时应满足以下规定：

1）各管与耐张线夹出口间的距离不应小于 16m。

2）直线接续管与悬垂线夹中心的距离不应小于 16m。

3）补修管与悬垂线夹中心的距离不应小于 5m。

5.3.2.2　直线塔附件安装

（1）直线塔的附件安装应在紧线段两端的耐张塔均平衡挂线后进行。

（2）起吊导线的承力工具应挂在杆塔横担施工用孔上，不得任意悬挂。提升导线时，禁止采用转向滑车由地面牵引，而应用手扳链条葫芦从横担上提升。

（3）起吊用手扳链条葫芦，链条应打结作为保险。

（4）垂直档距大于 700m 的杆塔，应采用两只手扳链条葫芦同时提升导线。

（5）导线线夹用钢丝绳套挂于横担上，确保施工安全。

（6）用提线器从两侧将导线提起，提线器吊钩接触导线的宽度不得小于导线直径的 8 倍，导线提起点应包好橡胶管或在接触部分加衬垫，以防损伤导线。

（7）直线塔悬垂线夹可采用高温耐热导线用预绞式悬垂线夹。预绞式悬垂线夹由内层预绞丝、外层预绞丝、橡胶衬垫、金属护套、U 型环、弹簧垫圈、螺栓、螺母和闭口销组成，其中内、外层预绞丝为高强度铝合金丝，橡胶衬垫为特殊合成橡胶，金属护套为高强度铝合金铸造件，U 型环为碳素钢或不锈钢材料制作，弹簧垫圈、螺栓和螺母为镀锌钢制作。预绞式悬垂线夹零部件如图 5-42 所示，安装效果如图 5-43 所示。

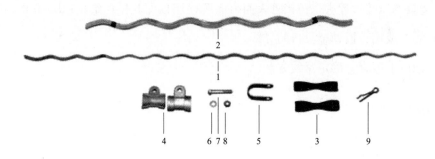

图 5-42　预绞式悬垂线夹零部件

1—内层预绞丝；2—外层预绞丝；3—橡胶衬垫；4—金属护套；5—U 型环；

6—弹簧垫圈；7—螺栓；8—螺母；9—闭口销

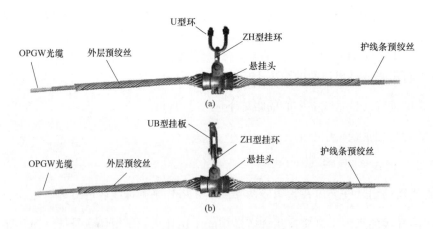

图 5-43　预绞式悬垂线夹安装效果（一）

（a）常规形式；（b）组合形式

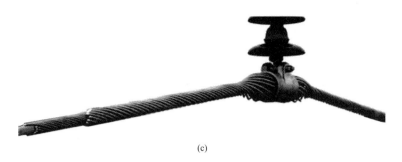

(c)

图 5-43　预绞式悬垂线夹安装效果（二）

（c）现场实物

预绞式悬垂线夹的安装要求如下。

1）内层预绞丝的安装。

a. 将内层预绞丝的中心标记对齐导线上悬垂线夹中心点的标记，如图 5-44 所示。把第一根预绞丝缠绕在导线上，两端留出 250～350mm 长度不要缠绕在导线上，如图 5-45 所示。

图 5-44　内层预绞丝的中心标记与	图 5-45　缠绕第一根
悬垂线夹中心点的标记对齐	预绞丝

b. 将余下的预绞丝安装在导线上，两端留出 250～350mm 长度不要缠绕在导线上。当安装完大多数的预绞丝，并且大多数缝隙被填充后，将余下的预绞丝挤入已安装的线条中，以保证形成强有力的防护加固层。务必保证预绞丝没有交叉，并且所有线条的间隙均匀。

c. 用双手同时拧动所有预绞丝的尾端使其就位，完成安装，如图 5-46 所示。

2）橡胶衬垫及外层预绞丝的安装。

a. 将橡胶衬垫的中心与已安装好的内层预绞丝的中央色标对齐。务必使两半橡胶衬垫的结合面与地面平行，并在其中心缠上一层胶带。

图 5-46　拧动预绞丝的尾端使其就位

b. 将第一根外层预绞丝线条置于橡胶衬垫上，使其颜色标识向外，并将其缠绕在橡胶衬垫上。向两端缠绕足够长度以保证橡胶衬垫稳定，线条尾端 300mm 左右长度暂时不要缠绕在内层预绞丝上。

c. 按照上述方法安装其余的外层预绞丝，两端要留出 300mm 左右长度不要缠绕在内层预绞丝上。安装完所有预绞丝，用双手同时拧动所有预绞丝的尾端使其就位，完成安装。

3）金属护套及 U 型环的安装。

a. 将金属护套安装于橡胶衬垫与外层预绞丝的中心，使螺栓孔水平对齐，将 U 型环沿着金属护套滑动入位，用手轻敲使其到位，如图 5-47 所示。

图 5-47　安装金属护套及 U 型环

b. 重新整理金属护套的两个外耳和 U 型环使其到位，保证螺栓孔对齐以便顺利插入螺栓。

c. 将螺栓插入金属护套和 U 型环的螺栓孔中，并安装螺母、弹簧垫圈及闭口销。拧紧螺母到弹簧垫圈被压平为止。

5.3.2.3　耐张塔平衡挂线（半平衡挂线）

（1）受地形、导线特性限制，宜采用高空锚线及高空作业平台进行高空压接。高空锚线和断线前，应对所用的工器具进行检查，严禁使用不合格工器具。

（2）高空临锚锚线器与杆塔的距离：在地面安装耐张线夹时，取 3 倍挂点高；在空中安装耐张线夹时，取耐张线夹 20m 以外。

（3）用挂胶钢绞线锚线，施工人员出线将锚线器固定在锚线点，另一端经手扳链条葫芦挂在耐张塔挂线板的施工孔上。为防止导线在锚线器出口处因自重作用和断线冲击而损伤，在离锚线器后 1m 左右处用白棕绳将导线吊在锚线的钢丝上，防止松线时导线出现硬弯。断线前应用大绳控制好导线，勿使线头自由下垂。

（4）每相导线每侧应设一套高空临锚装置，两侧共 6 套高空临锚装置。耐张塔高空临锚应两侧平衡进行，即两侧同时锚线、同时收紧，以避免横担承受过大的不平衡张力。高空锚线工器具可能和导线触碰的地方，均应用开口接管保护（避免导线表面受损）。高空锚线用的手扳链条葫芦的链条尾部应打结挽死，防止跑线。

（5）横担两侧同相导线挂完后，方可同步回松临锚手扳链条葫芦，待耐张绝缘子串受力后，拆除空中临锚和牵引系统。

（6）高空锚固断线后的导线，应当天安装完毕，禁止高空临锚过夜。

5.3.2.4 跳线安装

（1）跳线应使用未经牵引的原状导线制作，应使原弯曲方向与安装后的弯曲方向相一致，以利外观造型。

（2）以设计提供的跳线弧垂，实量跳线长，设计给得跳线长度只作参考。

（3）在地面将跳线组装成整体连同其悬垂绝缘子串一并起吊，在塔上就位安装。

（4）先把悬垂绝缘子串安装就位，在地面将跳线组装成整体，两跳线线夹安装好后，在悬垂串处挂软梯，安装跳线线夹。

5.3.2.5 碳纤维复合芯导线金具安装

碳纤维复合芯导线金具的现场安装流程如图 5-48 所示。

图 5-48　碳纤维复合芯导线金具现场安装流程（一）

（a）固定钢锚和绝缘子；（b）剪断导线；（c）剥线；（d）截断多余碳纤芯；（e）接楔型夹和楔型夹座；

（f）接内衬管和外压接管；（g）连接钢锚与楔型夹座；（h）固定钢锚；（i）金具压接

(j)   (k)   (l)

图 5-48　碳纤维复合芯导线金具现场安装流程（二）

（j）打磨压接后的尖端和突起；（k）喷漆处理金具两端；（l）与绝缘子连接后架到杆塔上

5.3.3　补修措施

由于碳纤维复合芯导线及碳纤维光电复合导线外层铝采用的是经退火后的软铝型线，其强度低（80MPa），在展放导线过程中会出现导线线芯受损、导线铝层松散、导线起"灯笼"等缺陷，应采取相应的补修措施。

5.3.3.1　导线型线受损

导线型线受损程度及补修措施见表 5-1。

表 5-1　　　　　　　　　　　导线型线受损程度及补修措施

导线型线受损程度	外层铝毛刺	外层铝损伤截面积不超过铝层总截面积的7%	外层铝断股：8股及以上断1股；12股及以上断2股；16股及以上断3股	最内层铝断股或外层铝断3股以上
补修措施	用0号细砂纸打磨	用护线预绞丝保护	用补修预绞丝补修	开断接续

注　护线预绞丝、补修预绞丝均采用耐高温材料制作，适配于碳纤维复合芯导线各规格外径的相应型号。

5.3.3.2　导线铝层松散

导线展放过程中，由于特殊的地理环境，使得放线段会使用大张力、滑车多及大转角等，容易使被展放的导线铝层有松散现象，但此现象挂线后可以消除。

5.3.3.3　导线起"灯笼"

导线在锚线、紧线、安装耐张线夹及中间接续过程中，往往出现"灯笼"状。大部分"灯笼"在挂线受到张力后可以消除，个别没有完全恢复的"灯笼"首先进行出线赶压，可采用麻绳绞赶方式，尽可能地使该处导线恢复平整，如仍有不平整的，可采用预绞丝对导线进行包覆，屏蔽外表不光滑可能产生的起始电晕降低现象。导线"灯笼"处理完毕后，方可安装防振锤、间隔棒等附件。

5.4　光　纤　接　续

5.4.1　光纤接续前的注意事项

（1）熔接前开剥光缆时，一定要把敷设光缆时牵引的光缆始端截至 2m 以上，因为牵引力总会对这段光纤产生不良影响。对平行钢丝式光缆，由于拉力的关系，其松套管有慢收缩现象，至少半年甚至一年才会收缩到位，这种收缩现象有时会将光纤拉断；因此，在光缆开剥后应一边拉住钢丝，一边拉住光缆外保护层往回拉，使其收缩系数减到最低。

（2）光缆金属加强芯与接续盒。接续盒就是光缆接续盒，是为保护光缆内的光纤接续完成后，对光纤以及光缆进行机械保护的一种器材，能够给相邻光缆间提供光学、密封和机械强度连续性的接续保护。在光缆通信网络中，由于光缆是通过光纤的不同连接方式形成网络，如熔接或者机械连接、跳线连接等方式，所以除了光纤或者光缆本身的质量问题以及网络设备以外，最需要注意的就是光缆连接点，所以光缆接续盒已成为完整的光通信网络十分重要的一部分。在光缆束管多的情况下，根据熔接托盘和束管排列，与加强芯应合理地分开，以防光缆束管扭曲，导致光纤被拉紧甚至被拉断。

（3）选用熔缩管的质量一定要合格，管内的金属钢丝应直、硬，熔缩管不能有弯曲、变形，与接续盒中的卡槽应配套，在放置多根熔接头时，卡槽应没有压力且有空隙。因为卡槽过紧易引起熔缩管内的光纤绷断。另外，放置熔缩接头时，用双手捏住两头，使其中间不受外力（因为熔接头在其中间位置），以防熔接头折断。

（4）在光纤根数多的情况下，盘纤时往往长度不一样，一定要用绝缘胶布依次将其固定好；否则熔接余长的光纤极易弹出，容易被接续盒的防水胶压迫，导致损耗过大。所以，剥纤时应尽量使光纤熔接余长一样，同时封包时检查托盘外有无光纤弹出。

5.4.2　光纤熔接

碳纤维光电复合芯导线接续需要在导线中将光纤单元分离出来，涉及光纤接续和光电分离技术，对接续的技术、高压绝缘都有严格要求。根据使用方式的不同，碳纤维光电复合芯导线的接续盒可分为中间型和终端型。通常，中间接续盒采用导电式非绝缘接纤盒，而终端接续盒采用高压隔离绝缘接纤盒。盒内结构与光纤接续方法采取一次熔接完成。

光纤接续前，在耐张金具的下部非压接处开槽，引出光纤单元，并盘余缆；在开剥碳纤维光电复合导线时，在不锈钢出口处对光纤进行保护，导线外层绞线牢固卡住，以防导线扭动造成光纤受损伤；用预绞丝将光纤单元固定在引流线的正下方，沿引流线的自然弧垂连接至接续盒内部。引流线用固定线夹固定接续盒外的一侧。接续盒型式采用悬挂式，光纤单元从接续盒两端进入光纤盒内，并在接续盒内盘余缆后（两圈左右）熔接，需要引出的光纤与空心绝缘子中间预埋的非金属套管内采取一次熔接，接续盒进出线处需固定密封处理。

光纤接续盒实物安装如图 5-49 所示，中间光纤接续如图 5-50 所示，光电分离如图 5-51 所示。

图 5-49　光纤接续盒实物安装图

在碳纤维光电复合芯导线中，由于传输的电流和光纤传输的光信号是在同一根导线中传输，因此，光信号要求连接到零电位水平，才能安全可靠地隔离电压，保证线路安全运行。因此要求在中间接续盒和终端接续盒的安装、接续前，选择好合适的安装位置，以保证碳纤维光电复合芯导线的弯曲半径，以及碳纤维光电复合芯导线不受风摆等影响；必要时，在适当地方加上绝缘子串固定。光纤接续前，在开剥碳纤维光电复合芯导线时，需要在不锈钢出口处对光纤进行保护，如采用软管或自制塑料

(a)　　　　　　　　　　　　　　(b)

图 5-50　中间光纤接续

（a）现场 1；（b）现场 2

 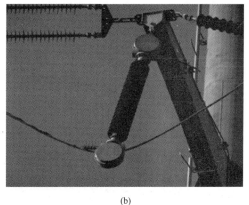

(a)   (b)

(c)

图 5-51 光电分离

(a) 现场 1；(b) 现场 2；(c) 现场 3

片穿到钢管内，碳纤维光电复合芯导线外层绞线必须牢固卡住，以防线缆扭动而造成光纤受损伤。此外，一般情况下，由于碳纤维光电复合芯导线在接续处没有过多预留，应尽量一次成功，所以接续人员必须有成熟的经验和操作技术。

通过绝缘子引出的光纤单元的部分光纤进入地电位接续盒，于接续盒内盘余缆（2 圈左右）引出光缆熔接，与外置设备相连接。